ISBN 978-0-260-73819-6
PIBN 10408029

Al Professore E. Colli
L. Allievi

CINEMATICA

DELLA

BIELLA PIANA

STUDIO DIFFERENZIALE DI CINEMATICA DEL PIANO CON APPLICAZIONI
ALLA COSTRUZIONE RAZIONALE
DELLE GUIDE DEL MOVIMENTO CIRCOLARE E RETTILINEO

PER

L'Ing. LORENZO ALLIEVI

(TESTO)

CINEMATICA DELLA BIELLA PIANA

CAPITOLO V.

Degenerazione iperbolica dei luoghi Λ *e* Λ^*

CAPITOLO VI.

Guide del movimento circolare

CAPITOLO VII.

Guide del movimento rettilineo

PREFAZIONE

Il presente lavoro ha per oggetto principale lo studio del movimento piano di una figura piana di cui due punti sono guidati secondo circoli o rette, studio di altissima importanza pella costruzione delle macchine, e pur tuttavia limitato sinora ad incomplete investigazioni dei pochi meccanismi ideati dal mero empirismo.

Ed infatti chiunque ha avuto agio di occuparsi della cinematica dei meccanismi articolati elementari, non può non esser rimasto colpito per un verso del fatto che i pochi meccanismi noti non erano che soluzioni singole di problemi dei quali si poteva facilmente dimostrare che ne ammettono delle semplici o multiple infinità, e per altro verso da ciò che lo studio di simili meccanismi non ha fatto in realtà dai primordi del secolo alcun progresso notevole anche lontanamente paragonabile p. e. a quello realizzato nella teoria degli ingranaggi.

Ne è causa principalmente l' indirizzo della cinematica teorica, in cui prevalsero metodi di geometria sintetica [1]) *non atti a dar luce completa intorno alle proprietà metriche delle leggi del movimento, mentre si disdegnava quasi dai matematici la trattazione diretta dei problemi di cinematica dei meccanismi, come poco suscettibili di generalizzazioni teoretiche.*

La investigazione differenziale della legge del movimento piano, limitata alla sola legge di curvatura dalle traiettorie (trasformazione quadratica) ed alla equazione di Savary che ne è la espressione analitica non poteva infatti essere che di mediocre ausilio nello studio dei meccanismi articolati elementari, studio che si tentava piuttosto in termini finiti con laboriose indagini sulle equazioni delle traiettorie dei punti della biella; e di ciò valgano ad esempio le note investigazioni di diversi autori intorno alle guide di Watt, di Evans ed alle guide del movimento in generale.

---

[1]) Vedi in proposito. — SCHOENFLIES — *Geometrie der Bewegung etc.* Teubner, 1886— Opera che contiene anche una estesa bibliografia dell' argomento.

Da simili investigazioni si discosta interamente il metodo a cui si informa il presente lavoro, nel quale spero di essere riuscito a fecondare lo studio dei meccanismi elementari colla conoscenza delle leggi differenziali del movimento piano, ottenuta mediante differenziazione successiva della equazione di Savary rispetto all'arco delle polodie rotolanti assunto come variabile indipendente.

Il Cap. I. il quale tratta della legge di curvatura riassume principii già noti potendosi in esso designare come nuovi soltanto i due concetti di derivare la trasformazione quadratica dalla prospettiva di un cilindro, e la classificazione dei meccanismi elementari dalla trasformazione quadratica.

Il contenuto dei due successivi capitoli è invece interamente originale, salvo alcuni enunciati generali sui luoghi della curvatura stazionaria e sulle coppie principali già noti per considerazioni di geometria sintetica.

La trattazione generale è esaurita sui Cap. I, II, III, mentre i Cap. IV, e V trattano due interessanti categorie di casi particolari di movimento ed i Cap. VI e VII contengono l'applicazione dei principii svolti nei Capitoli precedenti alla costruzione razionale dei meccanismi guide del movimento circolare o rettilineo.

Questo lavoro fu scritto in Roma durante l'anno 1892.

Napoli Gennaio 1895.

L'Autore

INTRODUZIONE

I. Generalità — Immaginando il movimento della figura mobile Σ^* nel suo piano Σ come funzione di una variabile indipendente σ, diremo *movimento infinitesimo* di Σ^*, il movimento che ha luogo quando σ riceve l' aumento $d\sigma$ e diventa $\sigma + d\sigma$; mentre diremo, *movimento elementare* di Σ^* una serie finita di movimenti infinitesimi.

Faremo completamente astrazione dall' ipotesi che la variabile indipendente σ sia in modo qualunque funzione del tempo, onde non si ha luogo a introdurre concetti di velocità, accelerazione etc. se non rispetto alla variabile σ. Lo studio che andiamo a intraprendere è cioè di carattere esclusivamente geometrico.

Diremo *legge generale di dualità del movimento*, la legge generale evidente che deriva dalla considerazione del movimento relativo di Σ rispetto a Σ^* (e cioè del movimento di Σ quale esso appare ad un osservatore mobile con Σ^*) e che enunciamo:

Se nel movimento di Σ^* rispetto a Σ un luogo geometrico L^* di Σ^* inviluppa un luogo L di Σ, nello stesso movimento pensato come di Σ rispetto a Σ^* il luogo L inviluppa il luogo L^*.

Noi potremo dunque dall' enunciato di una proprietà del movimento di Σ^* rispetto Σ ricavare un enunciato dualisticamente correlativo che contempla una proprietà del movimento di Σ rispetto a Σ^* la quale sarà eziandio una proprietà del movimento di Σ^* rispetto a Σ quando si tratti di proprietà che compete in generale al movimento di una figura piana.

Assumendo il punto e la retta come elementi generatori di luoghi geometrici nel movimento, sono enunciati correlativi evidenti:

Un punto A^* di Σ^* descrive un luogo L del piano Σ.	Esiste sempre un luogo L^* di Σ^* il quale passa costantemente per un punto A di Σ.
Una retta g^* di Σ^* inviluppa un luogo L di Σ.	Esiste sempre un luogo L^* di Σ^* il quale si appoggia costantemente a una retta g di Σ.

E se nel movimento di Σ^* consideriamo due sue posizioni distinte e successive, le coppie di enunciati precedenti coincidono in uno solo:

Due posizioni successive di un punto di Σ^* individuano una retta di Σ.	Due posizioni successive di una retta di Σ^* individuano un punto di Σ.

Se consideriamo invece tre posizioni successive di Σ^*:

Tre posizioni successive di un punto A^* di Σ^* sono situate su un circolo di Σ.	Esiste sempre un circolo di Σ^* di cui tre posizioni successive passano per un punto A di Σ,
Tre posizioni successive di una retta $\mathbf{g}^*$ di Σ^* sono tangenti ad un circolo di Σ.	Esiste sempre un circolo di Σ^* di cui tre posizioni successive sono tangenti a una retta $\mathbf{g}$ di Σ.

E analogamente considerando 4, 5...*n* posizioni successive potremmo stabilire enunciati analoghi fra il punto e le curve suscettibili di essere individuate da 4. 5...*n* punti, ovvero fra la retta e le curve suscettibili di essere individuate da 4, 5...*n* tangenti.

Noi ci limiteremo però alle correlazioni dualistiche espresse negli enunciati precedenti di punti e rette fra loro, e di entrambi col circolo concepito sia come luogo di punti, che come inviluppo di rette. Ed infatti se noi supponiamo che le posizioni successive considerate siano infinitamente vicine gli enunciati precedenti contemplano evidentemente:

la tangente ed il cerchio osculatore della traiettoria elementare di un punto mobile;	la posizione e il cerchio osculatore dell'arco elementare inviluppato da una retta mobile;

la cui conoscenza pelle diverse regioni della figura mobile Σ^* costituisce una adeguata illustrazione delle leggi geometriche del suo movimento.

Prenderemo bensì in considerazione anche più di tre posizioni successive infinitamente vicine (e cioè più di un movimento infinitesimo) ma esclusivamente allo scopo di investigare le *singolarità* delle traiettorie di punti e degli inviluppi di rette della figura mobile, e non già allo scopo di stabilire correlazioni dualistiche di ordine superiore a quelle dianzi enunciate.

È dunque opportuno di ricordare quali possono essere le singolarità notevoli

della traiettoria di un punto mobile,	dell' inviluppo di una retta mobile,

rispetto alla tangente e al circolo osculatore.

Queste singolarità sono dualisticamente correlative fra loro nel senso che si possono dedurre le une dalle altre scambiando nelle definizioni le parole: *punto* e *retta*, e le espressioni:

« *punti situati su una retta o su un circolo* »

« *rette passanti per un punto o tangenti a un circolo* »

fra loro rispettivamente.

La descrizione delle singolarità delle curve forma più specialmente oggetto di questa Introduzione, la quale riassume principi noti, applicando all'enunciato dei medesimi alcune nuove denominazioni.

II. Curvatura—Supposto il movimento dell'elemento generatore (punto o retta) essere funzione di una variabile geometrica σ (p. e. l'arco dell' evoluta o in generale l'arco di profili rotolanti) e denominando:

s..... l' arco della curva (traiettoria o inviluppo) contato a partire da una origine fissa;

ψ..... l'angolo della tangente alla curva con una direzione fissa; (onde s e ψ sono rispettivamente il cammino lineare o angolare dell'elemento generatore (punto o retta) a partire dall'origine del movimento);

$\mathfrak{r}$..... il raggio di curvatura della curva;

abbiamo la nota relazione:

$$\mathfrak{r}=\frac{ds}{d\sigma}:\frac{d\psi}{d\sigma}$$

ed è noto altresì che noi possiamo prendere in considerazione una serie finita di movimenti infinitesimi — *movimento elementare* — dell' elemento generatore, e cioè una serie di archi infinitesimi della traiettoria o inviluppo, dando a σ una serie di successivi accrescimenti infinitesimi $d\sigma$.

Entro i limiti di un movimento elementare le proprietà geometriche della curva (traiettoria o inviluppo) sono dunque definite dai valori dei successivi coefficienti differenziali di s e ψ rispetto a σ, avendo presente che il numero delle differenziazioni rappresenta il numero dei movimenti infinitesimi considerati.

Coerentemente agli enunciati generali precedenti i movimenti elementari singolari sono quelli pei quali:

più di due posizioni successive del punto mobile si trovano in linea retta;	più di due posizioni successive della retta mobile passano per un punto;
più di tre posizioni successive del punto mobile si trovano su un circolo,	più di tre posizioni successive della retta mobile sono tangenti a un circolo,

il raggio del quale può essere qualunque, nullo o infinito.

III. Curvatura stazionaria — La seconda delle accennate singolarità ha dunque luogo quando non essendo (in generale) nulli i coefficienti differenziali di s e ψ rispetto a σ, i loro valori siano tali da soddisfare la:

$$\frac{d\mathfrak{r}}{d\sigma}=0$$

la quale esprime che $\mathfrak{r}$ è costante entro i limiti di due movimenti infinitesimi, e cioè che quattro posizioni successive dell' elemento generatore della curva appartengono a un circolo (il circolo osculatore) il quale ha colla curva stessa un contatto del 3º ordine.

La condizione accennata implica stazionarietà (massimo o minimo) del valore del raggio di curvatura $\mathfrak{r}$, purchè il suo successivo coefficiente differenziale rispetto a σ sia diverso da zero.

Ma se abbiamo invece: $\frac{d\mathfrak{r}}{d\sigma} = \frac{d^2\mathfrak{r}}{d\sigma^2} = 0$ la curvatura della traiettoria (od inviluppo) non può più dirsi stazionaria *in senso metrico*, non essendo $\mathfrak{r}$ nè massimo nè minimo, ma è stazionaria *in senso cinematico*, perchè il valore di $\mathfrak{r}$ non varia entro i limiti di due movimenti infinitesimi, e cioè per due successivi aumenti $d\sigma$ dati alla variabile indipendente. Cinque posizioni successive dell'elemento generatore devono allora considerarsi come appartenenti al circolo osculatore della curva, il quale ha colla curva medesima un contatto del 4.º ordine. Indicheremo eventualmente come *pseudo-stazionaria* una simile stazionarietà cinematica.

Analogamente può definirsi n volte stazionaria (o pseudo-stazionaria se n è pari) la curvatura di una traiettoria od inviluppo pella quale sia:

$$\frac{d\mathfrak{r}}{d\sigma} = \frac{d^2\mathfrak{r}}{d\sigma^2} = \ldots\ldots = \frac{d^n\mathfrak{r}}{d\sigma^n} = 0$$

IV. Singolarità di movimento stazionario — Diremo *continuo* un movimento elementare entro i limiti del quale

il senso delle successive traslazioni infinitesime $ds_1\ ds_2$... del punto mobile non cambia di segno, e cioè sia: $\frac{ds}{d\sigma}$ diverso da zero.	il senso delle successive rotazioni infinitesime $d\psi_1$, $d\psi_2$,.... della retta mobile non cambia di segno, e cioè sia: $\frac{d\psi}{d\sigma}$ diverso da zero.

Considerando una medesima curva come luogo di un punto mobile od inviluppo di una retta mobile è chiaro che nessuna singolarità (oltre la precedente di curvatura stazionaria) può aver luogo in essa finchè i due elementi generatori si muovono entrambi di movimento continuo, e cioè finchè le $\frac{ds}{d\sigma}$ e $\frac{d\psi}{d\sigma}$ sono entrambe diverse da zero.

Diremo invece: *movimento* n *volte stazionario* un movimento elementare entro i limiti del quale

le successive posizioni infinitamente vicine del punto mobile soddisfano le: $\frac{ds}{d\sigma} = \frac{d^2s}{d\sigma^2} = \ldots\ldots \frac{d^ns}{d\sigma^n} = 0$	le successive posizioni infinitamente vicine della retta mobile soddisfano le: $\frac{d\psi}{d\sigma} = \frac{d^2\psi}{d\sigma^2} = \ldots\ldots \frac{d^n\psi}{d\sigma^n} = 0$

se n è dispari avendo luogo stazionarietà vera e propria nel movimento dell' elemento generatore il cui senso viene invertito, mentre se n è pari ha luogo soltanto una stazionarietà apparente senza inversione nel senso del movimento, stazionarietà che in alcuni casi si manifesta nella legge di curvatura, (ed in ogni caso si appaleserebbe nella *velocità* dell' elemento, se σ fosse una funzione continua e finita del tempo).

In un punto singolare di una curva, considerata sia come luogo di un punto mobile che come inviluppo di una retta mobile, deve dunque aver luogo stazionarietà, reale o apparente, nel movimento di uno almeno degli elementi generatori, ciò che giustifica la denominazione di *singolarità di movimento stazionario o singolarità stazionarie.*

Osservando inoltre che:

pella traiettoria elementare di un punto, $d\psi$ è dato dall'angolo infinitesimo individuato da tre posizioni successive del punto,

per l'arco elementare inviluppato da una retta ds è il segmento infinitesimo individuato da tre posizioni successive della retta,

possiamo conchiudere:

Per il punto singolare di una curva, caratterizzato da

$$\frac{ds}{d\sigma}=\ldots\ldots\frac{d^n s}{d\sigma^n}=0$$

passano n tangenti successive infinitamente vicine della curva medesima.

Sulla tangente singolare di una curva caratterizzata da

$$\frac{d\psi}{d\sigma}=\ldots\ldots\frac{d^n\psi}{d\sigma^n}=0$$

sono situati n punti successivi infinitamente vicini della curva medesima.

Le singolarità stazionarie si presentano dunque due a due, dualisticamente correlative.

V. Decomposizione delle singolarità stazionarie in flessi e cuspidi — Diremo *singolarità elementari* il flesso e la cuspide, le quali singolarità hanno luogo quando si faccia $n=1$ nelle condizioni generali correlative di singolarità.

Riguardando la curva come generata in doppio modo:

la condizione $\frac{ds}{d\sigma}=0$ esprime che il movimento del punto mobile è stazionario, e cioè la linea da esso descritta presenta un regresso di curvatura infinita essendo $\mathfrak{r}=0$ in corrispondenza del punto singolare pel quale passano tre posizioni infinitamente vicine della retta mobile di cui il movimento è invece continuo.

È questa la nota singolarità della *cuspide.*

la condizione $\frac{d\psi}{d\sigma}=0$ esprime che il movimento della retta mobile è stazionario, e cioè la linea da essa inviluppata presenta una inflessione di curvatura nulla, essendo $\mathfrak{r}=\infty$ in corrispondenza della tangente singolare, sulla quale si trovano tre posizioni successive infinitamente vicine del punto mobile, di cui il movimento è invece continuo.

È questa la nota singolarità del *flesso.*

Denominiamo ***singolarità elementari*** le due singolarità correlative del flesso e della cuspide dipendentemente dall'enunciato:

La singolarità stazionaria caratterizzata dalle :

$$\frac{ds}{d\sigma} = \dots \frac{d^p s}{d\sigma^p} = 0 \qquad \frac{d\psi}{d\sigma} = \dots \frac{d^q \psi}{d\sigma^q} = 0$$

può riguardarsi come risultante da p ***cuspidi e*** q ***flessi coincidenti nel punto singolare.***

Suppongansi infatti di avere una curva la quale presenti p cuspidi e q flessi distinti, pella quale cioè:

la equazione $\frac{ds}{d\psi} = 0$ è soddisfatta da p valori

$$\sigma_1, \sigma_2 \dots \sigma_p$$

della variabile indipendente; e suppongasi che le differenze

$$\sigma_1 - \sigma_2 \dots \sigma_{p-1} - \sigma_p$$

diventino infinitamente piccole ed al limite eguali a $d\sigma$. È evidente che in tale ipotesi la $\frac{ds}{d\sigma} = 0$ conduce alle

$$\frac{ds}{d\sigma} = \dots \frac{d^p s}{d\sigma^p} = 0$$

la equazione $\frac{d\psi}{d\sigma} = 0$ è soddisfatta da q valori

$$\sigma_1, \sigma_2 \dots \sigma_q$$

della variabile indipendente, e suppongasi che le differenze

$$\sigma_1 - \sigma_2 \dots \sigma_{q-1} - \sigma_q$$

diventino infinitamente piccole ed al limite eguali a $d\sigma$. È evidente che in tale ipotesi la $\frac{d\psi}{d\sigma} = 0$ conduce alle

$$\frac{d\psi}{d\sigma} = \dots \frac{d^q \psi}{d\sigma^q} = 0$$

le quali dimostrano il precedente enunciato.

Diremo p *l'ordine* e q il *grado* di una singolarità risultante da p cuspidi e q flessi infinitamente vicini.

L'enunciato precedente non riposa soltanto su una astratta deduzione di analisi ma ha la sua intrinseca ragione nel principio generale di continuità, che governa il movimento di una figura piana Σ^* nel suo piano Σ, per cui in un dato istante del movimento le proprietà di curvatura variano in modo continuo lungo una linea qualunque di Σ^* (ovvero di Σ). Più precisamente l' enunciato in parola si riferisce a un caso limite del principio di continuità che enunciamo:

In prossimità di una retta di Σ^* *la quale durante il movimento continuo inviluppa una curva dotata di una singolarità di ordine* p *esiste una regione finita di rette di* Σ^*, *ciascuna delle quali nel movimento continuo inviluppa una curva dotata di* p *cuspidi distinte e consecutive.*

In prossimità di un punto di Σ^* *il quale durante il movimento continuo descrive una traiettoria dotata di una singolarità di grado* q, *esiste una regione finita di punti di* Σ^* *ciascuno dei quali nel movimento continuo descrive una traiettoria dotata di* q *flessi distinti e consecutivi.*

Di questa *legge-limite* si può dare una dimostrazione generale sviluppando in serie i valori di $\frac{ds}{d\sigma}$ o di $\frac{d\psi}{d\sigma}$ concepiti come funzioni di σ, ed investigandone la variazione in prossimità della retta che inviluppa una singolarità di ordine p, rispettivamente del punto che descrive una singolarità di grado q; ma preferiamo rimandare alle dimostrazioni esposte nel testo pei singoli casi di movimenti elementari, come più concrete e persuasive.

VI. Curvatura nei punti singolari — Il raggio di curvatura $\mathfrak{r}$ in un punto singolare di cui siano p l' ordine e q il grado della singolarità è nullo, finito, ovvero infinito secondo che p è maggiore eguale o minore di q.

Ed infatti l'espressione $\mathfrak{r} = \frac{ds}{d\sigma} : \frac{d\psi}{d\sigma}$ si presenta bensì della forma 0: 0, ma differenziandone il numeratore e il denominatore

$$
\begin{array}{llll}
q \text{ volte} & \text{se } p > q & \text{si giunge alla} & \mathfrak{r} = 0 \\
n \text{ volte} & \text{se } p = q = n & \text{»} \quad \text{»} \quad \text{»} & \mathfrak{r} = \frac{d^{n+1}s}{d\sigma^{n+1}} : \frac{d^{n+1}\psi}{d\sigma^{n+1}} \\
p \text{ volte} & \text{se } p < q & \text{»} \quad \text{»} \quad \text{»} & \mathfrak{r} = \infty
\end{array}
$$

Per la determinazione di $\mathfrak{r}$ è dunque necessario prendere in considerazione un numero di movimenti dell'elemento generatore eguale al minore dei due indici p e q.

Della variazione di $\mathfrak{r}$ e della sua stazionarietà metrica o cinematica diremo più oltre, dopo aver stabilito un elenco e una nomenclatura delle singolarità.

VII. Elenco illustrativo delle singolarità stazionarie — In base ai principii esposti è dunque facile intraprendere un sistematico elenco illustrativo delle singolarità stazionarie, perchè mentre la definizione analitica ci dà immediata notizia della loro curvatura, la genesi cinematica dalle due singolarità elementari del flesso e della cuspide ci dà uno spedito criterio della loro forma geometrica.

Le possibili combinazioni di: 0, 1, 2, 3. . . . . p cuspidi con 0, 1, 2, 3. . . . . q flessi sono in numero di $pq + p + q$, onde ponendo $p = q = n$ è chiaro che $n\ (n + 2)$ è il numero delle singolarità stazionarie di cui è suscettibile l'arco (od inviluppo) elementare generato da n movimenti infinitesimi successivi.

Di queste $n\ (n + 2)$ singolarità n e cioè quelle di cui l' ordine è uguale al grado sono correlative a se medesime, mentre le rimanenti $n\ (n + 1)$ sono correlative due a due.

Per le singolarità di cui l'ordine è eguale al grado il raggio di curvatura è di grandezza finita, mentre pelle rimanenti esso è nullo od infinito secondo che l'ordine è maggiore o minore del grado.

Tutto ciò risulta chiaramente dalle definizioni precedenti.

Graficamente le singolarità stazionarie possono assumere, oltre le note forme del flesso e della cuspide le forme seguenti:

1.° Archi di curvatura infinita che non presentano cuspide;

2.° Archi di curvatura nulla che non presentano inflessione;

3.° Cuspidi di curvatura nulla;

4.° Inflessioni di curvatura infinita;

5.° Cuspidi di cui i due rami si trovano da una stessa parte della tangente (e di cui la curvatura può essere nulla, finita od infinita).

6.° Tratti di curva che non presentano alcuna singolarità apparente.

Queste forme si incontrano tutte fra le singolarità pelle quali p e q sono al massimo eguali a 2, ed è facile persuadersi che l' aggiunta di un numero pari qualunque di flessi e di cuspidi (che non cambi il segno di $p - q$) non modifica sensibilmente l' apparenza geometrica della singolarità.

Queste osservazioni ci danno modo di introdurre una opportuna nomenclatura, (oltre a quella che può ovviamente farsi indicando l'ordine p e il grado q), mediante denominazioni che esprimono con sufficiente chiarezza la forma e la genesi delle singolarità da esse designate.

Diremo in generale:

Cuspidazioni—le singolarità di grado zero risultanti da p cuspidi, le quali sono archi di curvatura infinita o cuspidi brevissime, (secondo che p è pari o dispari)

Ondulazioni—le singolarità di ordine zero, risultanti da q flessi le quali sono inflessioni molto allungate, o archi di curvatura nulla senza inflessione (secondo che q è pari o dispari).

Cuspidi falcate o semplicemente **Falcate** (a forma di falce) le singolarità di cui l'ordine è uguale al grado ed è dispari, le quali sono cuspidi di cui i due rami sono rivolti nello stesso senso ed il raggio di curvatura è finito;

Ipercuspidi — le singolarità di ordine dispari e grado pari, essendo $q > p$, le quali sono cuspidi di curvatura nulla;

Iperflessi—le singolarità di ordine pari e grado dispari, essendo $p > q$, le quali sono inflessioni di curvatura infinita;

Ipercuspidazioni—le singolarità di grado pari, essendo $q < p$, le quali hanno la forme delle cuspidazioni (curvatura infinita).

Iperondulazioni — le singolarità di ordine pari, essendo $p < q$ le quali hanno la forma delle ondulazioni (curvatura nulla).

Iperfalcate in genere le singolarità di ordine e grado dispari, le quali sono cuspidi falcate di curvatura nulla o infinita secondo che $p \gtrless q$.

Punti pseudo-singolari, le singolarità di cui l'ordine è uguale al grado ed è pari, le quali sono tratti elementari di curva che non presentano alcuna singolarità apparente.

Con queste notazioni le singolarità stazionarie delle curve potrebbero elencarsi e classificarsi secondo la Tabella che segue alla quale non occorrono ulteriori spiegazioni.

$\tau = 0 \qquad \frac{ds}{d\sigma} = \frac{d^2s}{d\sigma^2} = \dots \frac{d^ns}{d\sigma^n} = 0$

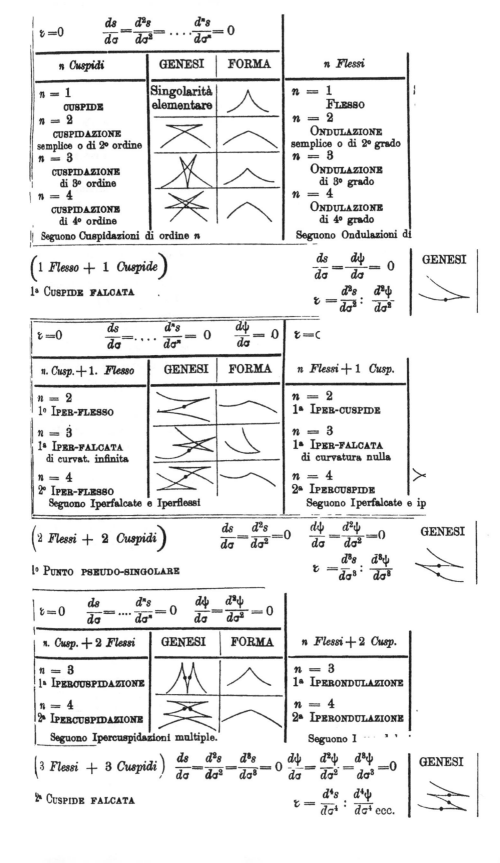

n Cuspidi	GENESI	FORMA	*n Flessi*
$n = 1$ CUSPIDE	Singolarità elementare		$n = 1$ FLESSO
$n = 2$ CUSPIDAZIONE semplice o di 2° ordine			$n = 2$ ONDULAZIONE semplice o di 2° grado
$n = 3$ CUSPIDAZIONE di 3° ordine			$n = 3$ ONDULAZIONE di 3° grado
$n = 4$ CUSPIDAZIONE di 4° ordine			$n = 4$ ONDULAZIONE di 4° grado
Seguono Cuspidazioni di ordine n			Seguono Ondulazioni di

$\left(1 \textit{ Flesso} + 1 \textit{ Cuspide}\right)$

1ª CUSPIDE FALCATA

$$\frac{ds}{d\sigma} = \frac{d\psi}{d\sigma} = 0$$

$$\tau = \frac{d^2s}{d\sigma^2} : \frac{d^2\psi}{d\sigma^2}$$

GENESI

$\tau = 0 \qquad \frac{ds}{d\sigma} = \dots \frac{d^ns}{d\sigma^n} = 0 \qquad \frac{d\psi}{d\sigma} = 0 \qquad \tau = c$

n. Cusp. + 1. *Flesso*	GENESI	FORMA	*n Flessi* + 1 *Cusp.*
$n = 2$ 1° IPER-FLESSO			$n = 2$ 1ª IPER-CUSPIDE
$n = 3$ 1ª IPER-FALCATA di curvat. infinita	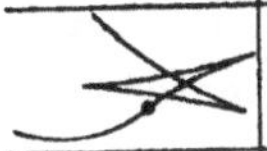		$n = 3$ 1ª IPER-FALCATA di curvatura nulla
$n = 4$ 2° IPER-FLESSO	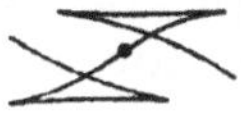		$n = 4$ 2ª IPERCUSPIDE
Seguono Iperfalcate e Iperflessi			Seguono Iperfalcate e ip

$\left(2 \textit{ Flessi} + 2 \textit{ Cuspidi}\right)$

1° PUNTO PSEUDO-SINGOLARE

$$\frac{ds}{d\sigma} = \frac{d^2s}{d\sigma^2} = 0 \qquad \frac{d\psi}{d\sigma} = \frac{d^2\psi}{d\sigma^2} = 0$$

$$\tau = \frac{d^3s}{d\sigma^3} : \frac{d^3\psi}{d\sigma^3}$$

GENESI

$\tau = 0 \qquad \frac{ds}{d\sigma} = \dots \frac{d^ns}{d\sigma^n} = 0 \qquad \frac{d\psi}{d\sigma} = \frac{d^2\psi}{d\sigma^2} = 0$

n. Cusp. + 2 *Flessi*	GENESI	FORMA	*n Flessi* + 2 *Cusp.*
$n = 3$ 1ª IPERCUSPIDAZIONE	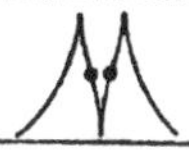		$n = 3$ 1ª IPERONDULAZIONE
$n = 4$ 2ª IPERCUSPIDAZIONE			$n = 4$ 2ª IPERONDULAZIONE
Seguono Ipercuspidazioni multiple.			Seguono I

$\left(3 \textit{ Flessi} + 3 \textit{ Cuspidi}\right) \qquad \frac{ds}{d\sigma} = \frac{d^2s}{d\sigma^2} = \frac{d^3s}{d\sigma^3} = 0 \qquad \frac{d\psi}{d\sigma} = \frac{d^2\psi}{d\sigma^2} = \frac{d^3\psi}{d\sigma^3} = 0$

2ª CUSPIDE FALCATA

$$\tau = \frac{d^4s}{d\sigma^4} : \frac{d^4\psi}{d\sigma^4} \text{ ecc.}$$

GENESI

Non è superfluo osservare infine che le Falcate in genere possono anche presentarsi in forma di un tratto discontinuo di una curva qualunque ciò che ha ovviamente luogo quando i due rami della Falcata sono coincidenti.

È ovvio infatti che il movimento di un punto (di una retta) il quale seguendo (inviluppando) una traiettoria qualunque si arresta per quindi retrocedere lungo la traiettoria medesima, soddisfa alla condizione di falcata, mentre geometricamente parlando la traiettoria medesima può essere un tratto di curva qualunque [1]).

Ha poi luogo ovviamente condizione di iperfalcata quando la curvatura della traiettoria nel punto di regresso sia nulla od infinita.

VIII. Curvatura stazionaria nei punti singolari. — È ora opportuno di investigare le condizioni di stazionarietà del valore di $\mathfrak{r}$ nei punti singolari. Abbiamo in generale denominato curvatura n volte stazionaria la curvatura di un elemento di curva pel quale $\frac{d\mathfrak{r}}{d\sigma} = \ldots \frac{d^n\mathfrak{r}}{d\sigma^n} = 0$, e abbiamo osservato che tale stazionarietà può dirsi *metrica* quando n è dispari, e quindi $\mathfrak{r}$ è massimo o minimo, dipendentemente dal segno di $\frac{d^{n+1}\mathfrak{r}}{d\sigma^{n+1}}$; mentre può dirsi *cinematica* od anche *geometrica* la stazionarietà che ha luogo quando n è pari. Ed infatti in tale ipotesi la stazionarietà si appalesa:

cinematicamente — dall' essere $\mathfrak{r}$ costante entro i limiti di n movimenti infinitissimi successivi dell'elemento generatore;

geometricamente — dall'ordine del contatto della curva col suo cerchio osculatore.

Questi concetti sono identicamente applicabili anche alla curvatura nei punti singolari quando $\mathfrak{r}$ è finito ovvero nullo e cioè quando sia $p \gtreqless q$. Quando invece sia $\mathfrak{r} = \infty$ per essere $p < q$ è facile constatare differenziando l'espressione di $\mathfrak{r}$ che si ha sempre $\frac{d\mathfrak{r}}{d\sigma} = \ldots \frac{d^n\mathfrak{r}}{d\sigma^n} = \infty$ e quindi l' investigazione delle condizioni di stazionarietà metrica di $\mathfrak{r}$, non può direttamente farsi per mezzo dei suoi coefficienti differenziali rispetto a σ. Noi possiamo però in tal caso investigare la legge di variazione della funzione $\frac{1}{\mathfrak{r}}$, e cioè prendere in esame i valori delle $\frac{d}{d\sigma}\left(\frac{1}{\mathfrak{r}}\right), \frac{d^2}{d\sigma^2}\left(\frac{1}{\mathfrak{r}}\right) \ldots$ e precisamente il segno del primo di essi che non si annulla, ricerca nella quale valgono identicamente i criteri generali di massimo e minimo.

La definizione cinematica delle singolarità come composte di flessi e di cuspidi, ci dispensa però da simili ricerche dandoci immediata e sufficiente notizia della variazione di $\mathfrak{r}$ in prossimità del punto singolare.

---

[1]) Un interessante esempio di traiettoria circolare che soddisfa alla condizione di falcata si incontrerà nel movimento del perno di un meccanismo elementare su cui cade il centro istantaneo del movimento della biella (Vedi § 14 e § 15 Cap. IV).

Possiamo dunque in generale affermare che in un punto singolare la curvatura è *cinematicamente* n-1 volte stazionaria se n è il numero dei movimenti infinitesimi che si devono prendere in considerazione per individuare la singolarità mentre $n+1$ esprime l'ordine del contatto della singolarità stessa col suo circolo osculatore. La curvatura può poi essere metricamente stazionaria o meno, e nel secondo caso si dirà pseudo-stazionaria.

Cuspide

La curvatura della cuspide non è stazionaria nè in senso cinematico, nè in senso metrico, perchè $\frac{d\mathfrak{r}}{d\sigma}$ è diverso da zero, ed. $\mathfrak{r}$ cambia di segno passando attraverso il valore zero.

Cuspidazioni

Nella cuspidazione semplice si ha $\frac{d\mathfrak{r}}{d\sigma} = 0$ mentre $\frac{d^2\mathfrak{r}}{d\sigma^2}$ è diverso da zero, onde la curvatura è metricamente e geometricamente stazionaria; ed infatti $\mathfrak{r}$ passa pel valore zero senza cambiare di segno.

Per questa classe di singolarità possiamo in generale enunciare:

Le *cuspidazioni* ed *ipercuspidazioni* di ordine pari presentano curvatura metricamente stazionaria;

Le *cuspidazioni* ed *ipercuspidazioni* di ordine dispari presentano curvatura pseudo-stazionaria.

Iperflessi

Negli iperflessi la curvatura è pseudo—ma non metricamente stazionaria ed infatti il raggio di curvatura $\mathfrak{r}$ cambia di segno attraverso il valore zero.

Flesso

La curvatura del flesso non è stazionaria nè in senso cinematico nè in senso metrico, ed infatti $\mathfrak{r}$ cambia di segno passando attraverso il valore ∞.

Ondulazioni

Nella ondulazione semplice i due rami rivolgono la loro concavità da una medesima parte, onde $\mathfrak{r}$ passa pel valore infinito senza cambiare di segno, e cioè la curvatura è metricamente e geometricamente stazionaria.

Per questa classe di singolarità possiamo in generale enunciare:

Le *ondulazioni* ed *iperondulazioni* di grado pari presentano curvatura metricamente stazionaria;

Le *ondulazioni* ed *iperondulazioni* di grado dispari presentano curvatura pseudo-stazionaria.

Ipercuspidi

Nelle ipercuspidi la curvatura è pseudo — ma non metricamente stazionaria; ed infatti in esse il raggio di curvatura $\mathfrak{r}$ cambia di segno attraverso il valore ∞.

Falcate e punti pseudo-singolari

In queste singolarità, di qualunque grado ed ordine, il raggio di curvatura è sempre di grandezza finita, e quindi non può cambiare di segno nel punto singolare.

La curvatura è in generale pseudo-stazionaria ma può anche essere metricamente stazionaria.

Iperfalcate

Nelle iperfalcate, siano esse di curvatura nulla o di curvatura infinita, la curvatura è sempre metricamente stazionaria; ed infatti t passa pel valore zero o pel valore ∞ senza cambiare di segno.

CAPITOLO I.

MOVIMENTO INFINITESIMO

§ 1. LEGGE DI CURVATURA DELLE TRAIETTORIE

È noto che il movimento continuo di una figura piana Σ^* nel suo piano Σ può concepirsi come definito dal rotolamento di un profilo connesso a Σ^* (polodia mobile) su un profilo fisso nel piano Σ (polodia fissa), i quali si toccano in ogni istante, nel centro *istantaneo* del movimento Ω, ove convergono le normali alle traiettorie dei punti di Σ^* nell' istante considerato.

Un movimento infinitesimo di Σ^* può dunque concepirsi come definito dal rotolamento di un arco elementare di polodia $d\sigma^*$ connessa a Σ^* su un arco elementare di polodia fissa $d\sigma$ essendo: $d\sigma^* = d\sigma$.

Diremo *assi del movimento infinitesimo* la tangente e la normale comuni ai due elementi di polodia a contatto in Ω, designandoli coi simboli (x) ed (y) rispettivamente.

Dagli enunciati precedenti si deduce altresì che il movimento infinitesimo di Σ^* può concepirsi come risultante da una rotazione infinitesima $d\omega$ intorno ad Ω, e da una traslazione $d^2\nu$ (infinitesimo di 2° ordine) nel senso dell'asse (y), data dalla:

$$(1) \qquad d^2\nu = \left(\frac{1}{\rho^*} - \frac{1}{\rho}\right)\frac{d\sigma^2}{2}$$

essendo ρ e ρ^* i raggi di curvatura degli archi rotolanti $d\sigma$ e $d\sigma^*$, contati come positivi nel senso della traslazione infinitesima.

Nel rotolamento di $d\sigma^*$ su $d\sigma$ (Fig. 1) un punto di Σ^* che occupava inizialmente la posizione A^* descrive l'arco di traiettoria $ds = A^* A^{*\prime}$ determinato dalla sua connessione con $d\sigma^*$.

Le rette ΩA^*, $\Omega' A^{*\prime}$ sono dunque rispettivamente le normali alla traiettoria del punto mobile in due posizioni successive infinitamente vicine onde il loro punto d'incontro A sarà il centro di curvatura dell' arco di traiettoria ds.

Mantenute le precedenti notazioni e dicendo inoltre:

$d\tau$, $d\tau^*$ . . . gli angoli di contingenza dei due archi elementari $d\sigma$ $d\sigma^*$;
$d\vartheta$, $d\vartheta^*$ . . . gli angoli sotto cui $d\sigma$ a $d\sigma^*$ sono visti da A ed A^* rispettivamente,
r, r^* . . . le lunghezze dei raggi vettori da Ω ad A ed A^*, contate positivamente nello stesso senso;
φ . . . . . l' angolo che il raggio vettore $\Omega A A^*$ forma colla direzione positiva (arbitraria) dell'asse (x),

abbiamo evidentemente (Fig. 1):

$$d\omega = d\vartheta^* - d\vartheta = d\tau^* - d\tau$$

nella quale sostituendo:

$$d\vartheta = \frac{d\sigma}{r}\sin\varphi, \quad d\vartheta^* = \frac{d\sigma^*}{r^*}\sin\varphi, \quad d\tau = \frac{d\sigma}{\rho}, \quad d\tau^* = \frac{d\sigma^*}{\rho^*}$$

e tenuto conto che $d\sigma = d\sigma^*$; posto inoltre:

$$\frac{1}{\rho^*} - \frac{1}{\rho} = \frac{1}{\rho_0} \tag{2}$$

si ottiene:

$$\frac{d\omega}{d\sigma} = \left(\frac{1}{r^*} - \frac{1}{r}\right)\sin\varphi = \frac{1}{\rho_0} \tag{3}$$

nota equazione fondamentale (equazione di Savary) che definisce la curvatura delle traiettorie dei punti di Σ^*.

Si ha inoltre per l'arco di traiettoria ds descritto da A^*

$$ds = r^* d\omega = \frac{r^*}{\rho_0} d\sigma$$

e poichè il raggio di curvatura della traiettoria di A^* risulta dalla (3)

$$\mathfrak{r} = r - r^* = \frac{r r^*}{\rho_0 \sin\varphi} = \frac{r^*}{\rho_0} : \frac{\sin\varphi}{r} \tag{4}$$

Così ricordando la espressione generale del raggio di curvatura $\mathfrak{r} = \frac{ds}{d\sigma} : \frac{d\psi}{d\sigma}$ si ricava tenuto conto delle precedenti:

$$(5) \qquad \frac{ds}{d\sigma} = \frac{r^*}{\rho_0} \qquad \frac{d\psi}{d\sigma} = \frac{\sin\varphi}{r} = \frac{\sin\varphi}{r^*} - \frac{1}{\rho_0}$$

La legge di curvatura delle traiettorie è dunque determinata non già dai valori assoluti di ρ e ρ^* ma dal parametro ρ_0; e poichè è ovvio della (3) che il centro C dell'arco fisso $d\sigma$ è centro di curvatura della traiettoria descritta dal centro C^* dell' arco rotolante $d\sigma^*$ così si può affermare che, *nei limiti di un solo movimento infinitesimo*, due punti Y, Y^* situati su (y) di cui il primo sia centro di curvatura della traiettoria del secondo possono venire assunti come centri di curvatura degli archi rotolanti $d\sigma$ $d\sigma^*$.

Vedremo però che la considerazione di due movimenti infinitesimi successivi determina univocamente ρ e ρ^*.

La corrispondenza definita dalla (3) fra i punti di Σ^* e i punti di Σ, nella quale ad ogni punto corrisponde un punto, ed in generale a una curva di grado n corrisponde una curva di grado $2n$ costituisce ciò che si chiama una *trasformazione quadratica* del piano.

Definita dunque per mezzo della (3) la legge di curvatura, abbiamo su ogni retta **a** passante per Ω due punteggiate proiettive sovrapposte A_i, A_i^* tali che ciascun punto (fisso) della prima è centro di curvatura della traiettoria del corrispondente punto (mobile) della seconda.

È molto facile desumere dalla (3) che le punteggiate A_i, A_i^* altro non sono che le proiezioni su **a** delle punteggiate Y_i, Y_i^* e che quindi:

Tutti i punti di Σ^* situati su un circolo di diametro $\Omega\, Y_i^*$ hanno i centri di curvatura delle loro traiettorie su un circolo di diametro $\Omega\, Y_i$ (Figura 2).

La legge di curvatura viene dunque ad essere definita da due fasci di circoli corrispondenti che indicheremo coi simboli G_i G_i^*, aventi i loro centri sull'asse (y) e passanti per Ω.

Ponendo nella (3) $r = \infty$ si ottiene:

$$r^* = \rho_0 \sin\varphi$$

e cioè ρ_0 è il diametro di un circolo del fascio G_i^*, che indicheremo con G_0^*, di cui tutti i punti A_0^* descrivono traiettorie di curvatura nulla (in generale flessi) secondo le direzioni fisse $\mathbf{g}_0$ passanti pel punto (fisso) Y_0 in cui l'asse (y) taglia il circolo G_0^* (Fig. 3).

Diremo il circolo G_0^* *circolo dei flessi* [1]), ed il punto Y_0 *polo dei flessi.*

Parimenti ponendo nella (3) $r^* = \infty$ si ottiene:

$$r = - \rho_0 \sin \varphi$$

e quindi il circolo simmetrico di G_0^* rispetto ad Ω, che indicheremo con G_0 è invece il luogo dei centri di curvatura delle traiettorie di punti di Σ^* situati a distanza infinita

Diremo il circolo G_0 *circolo delle cuspidi*, e il punto Y_0^* in cui esso taglia l'asse (y) *polo delle cuspidi.*

La proprietà dianzi enunciata equivale infatti a dire che ogni retta g_0^* del fascio mobile di centro Y_0^* si muove in modo che tre sue posizioni successive infinitamente vicine passano pel punto A_0 del circolo G_0 ciò che significa che la curva inviluppata da g_0^* presenta una cuspide in A_0 (Fig. 3)

Si rende così manifesta la dualità che governa le leggi del movimento, dualità che ha la sua intrinseca ragione nella *relatività* del movimento stesso, per cui ogni proprietà di posizione della Figura Σ^* rispetto a Σ ha per correlativa dualistica una proprietà di posizione della Σ rispetto a Σ^* (Vedi INTROD.)

Gli enunciati precedenti possono dunque esibirsi nella forma dualistica:

Tutti i punti di un unico circolo di Σ^*. (il circolo dei flessi) *descrivono traiettorie di curvatura nulla* (flessi) *secondo direzioni passanti pel punto* Y_0 (polo dei flessi).	*Tutte le rette di un fascio di centro* Y_0^* (polo delle cuspidi) *inviluppano archi di curvatura infinita* (cuspidi) *nei punti di un circolo di* Σ (circolo delle cuspidi).

ed anche:

Tre posizioni successive infinitamente vicine di un punto A_0^* del circolo dei flessi sono ad egual distanza da una retta fissa g perpendicolare alla direzione ΩA_0^*;	Tre posizioni successive infinitamente vicine di una retta g^* sono ad egual distanza dal punto A_0 del circolo delle cuspidi che si trova sulla perpendicolare a g^* per Ω;

---

[1]) Il circolo dei flessi può anche definirsi come il luogo dei punti mobili di cui la accelerazione normale è nulla. Ed infatti dalla (4) la velocità v di un punto mobile risulta:

$$v = \frac{ds}{dt} = \frac{ds}{d\sigma} \cdot \frac{d\sigma}{dt} = \frac{r^*}{\rho_0} \cdot \frac{d\sigma}{dt}$$

e quindi la sua accelerazione normale:

$$\frac{v^2}{r - r^*} = \frac{1}{\rho_0^2} \left(\frac{d\sigma}{dt} \right)^2 \left(\rho_0 \sin \varphi - r^* \right)$$

la quale è nulla pei punti del circolo dei flessi.

e dall'enunciato di destra si deduce:

Le rette di Σ^* inviluppano curve di cui i centri di curvatura sono sul circolo delle cuspidi.

Indicando con $\mathfrak{r}'$, ds', $d\psi'$, il raggio di curvatura, l'arco e l'angolo di contingenza dell'elemento di curva inviluppato nel punto A di Σ da una retta di Σ^*, si ha dunque:

$$(6) \qquad \left\{ \begin{aligned} \mathfrak{r}' &= r + \rho_0 \sin\varphi \\ \frac{d\psi'}{d\sigma} &= \frac{d\omega}{d\sigma} = \frac{1}{\rho_0} \\ \frac{ds'}{d\sigma} &= \frac{r}{\rho_0} + \sin\varphi \end{aligned} \right.$$

di cui l'ultima conferma che nei punti dal circolo $r + \rho_0 \sin\varphi = 0$ le inviluppate dalle rette del fascio mobile di centro $Y_0{}^*$ presentano la singolarità caratterizzata da $\mathfrak{r}' = 0$ $\frac{ds'}{d\sigma} = 0$ e cioè la singolarità della cuspide. (Vedi Introd.).

Quanto ai punti di Σ e Σ^* situati sull'asse (x) valgono gli enunciati:

Tutti i punti di Σ^* situati su (x) descrivono traiettorie aventi per comune centro di curvature il centro istantaneo Ω;

ed infatti per un valore finito qualunque di r^* deve r tendere a zero se φ tende a zero.

Tutti i punti di Σ *situati su* (x) *possono,* NEI LIMITI DI UN MOVIMENTO INFINITESIMO, *riguardarsi come centri di curvatura della traiettoria del punto mobile situato in Ω;*

ed infatti per un valore finito di r deve r^* tendere a zero se φ tende a zero.

L'enunciato di destra non esprime dunque altro se non che la curvatura della traiettoria di Ω^* (infinitesimo di 2° ordine perpendicolare a (x)) è indeterminata nei limiti di un movimento infinitesimo. Possiamo bensì dimostrare che il raggio di curvatura $\mathfrak{r}$ tende ad essere nullo pella traiettoria di un punto qualunque vicinissimo a Ω e non situato su (x), poichè ovviamente l'espressione di $\mathfrak{r}$ fornita dalla (4) tende a zero se r^* tende a zero, essendo φ diverso da zero; ma tale deduzione non è applicabile alla traiettoria di Ω^* di cui noi sappiamo che è perpendicolare a (x), e quindi per essa $\varphi = 0$.

In realtà il punto Ω^* descrive, come è noto, una cuspide, ciò che risulta sinteticamente dalla considerazione del rotolamento delle polodie, e analiticamente del fatto che, tenuto conto della (5), la condizione di cuspide (Vedi Introd.): $\frac{ds}{d\sigma} = \frac{r^*}{\rho_0} = 0$ è soddisfatta dalla coordinata $r^* = 0$ di Ω^*.

Il raggio di curvatura di questa cuspide è, in generale, nullo, ma può anche essere di grandezza finita ovvero infinitamente grande, quando la cuspide sia una *Falcata* od una *Ipercuspide* od una *Iperfalcata* (Vedi Introd.) ciò che deve investigarsi prendendo in considerazione ulteriori movimenti infinitesimi della Σ^*.

Alla cuspide descritta da Ω^* non è però correlativo un flesso inviluppato da una retta di Σ^*, perchè la rette di Σ^* inviluppano, come abbiamo veduto, curve di cui i centri di curvatura sono sul circolo delle cuspidi, e nessuna di queste curve può essere un flesso.

Il movimento angolare infinitesimo dato dalla $\frac{d\varphi'}{d\sigma} = \frac{d\omega}{d\sigma} = \frac{1}{\rho_0}$ è infatti costante per tutte le rette di Σ^*, nè può essere nullo finchè ρ_0 si mantiene di grandezza finita.

Quando invece fosse $\rho_0 = \infty$ si avrebbe:

per tutti i punti [1] di Σ^*: $\frac{ds}{d\sigma} = 0$

per tutte le rette di Σ^*: $\frac{d\varphi}{d\sigma} = 0$

e cioè tutti i punti di Σ^* descriverebbero cuspidi e tutte le rette di Σ^* invilupperebbero flessi. È questo il caso di movimento stazionario che ha luogo quando sia $\rho = \rho^*$ nella quale ipotesi le polodie si osculano nel centro istantaneo (V. ulteriormente § 16).

Nella correlazione dualistica di punti e circoli stabilita da un movimento infinitesimo (Vedi Introd.) il punto Ω corrisponde dunque a se medesimo, e deve concepirsi sia come un punto sia come un circolo di raggio infinitamente piccolo.

Descrizione della legge di curvatura (Fig. 4)

L'asse (x) separa il piano in due regioni nelle quali la posizione relativa delle coppie $A\,A^*$ (centri di curvatura e punti mobili) e in generale degli elementi di Σ e Σ^* è, per così dire inversa e reciproca, e di cui diremo positiva $(+)$ quella che contiene la direzione positiva dell'asse (y) e quindi il circolo dei flessi, mentre diremo negativa $(-)$ la regione opposta che contiene il circolo delle cuspidi.

Regione positiva :

I punti mobili A^* situati nella regione positiva esternamente al circolo dei flessi, hanno i loro centri di curvatura nella regione negativa esternamente al circolo delle cuspidi i limiti di questa corrispondenza es-

---

[1]) Purchè non sia Ω a distanza infinita nella quale ipotesi sarebbe $r^* = \infty$, e quindi la condizione di cuspide non sarebbe verificata per alcun punto di Σ^* situato a distanza finita. È questo il caso della stazionarietà di rotazione di cui tratteremo nel Cap. V.

sendo così definiti che ai punti all'∞ di Σ^* corrispondono punti di Σ situati sul circolo dellè cuspidi, e ai punti all'∞ di Σ punti di Σ^* situati sul circolo dei flessi, mentre ai punti del circolo G^* di raggio $+\rho_0$ corrispondono i punti del circolo simmetrico di raggio $-\rho_0$ [1]).

I punti mobili A^* situati nella regione positiva internamente al circolo dei flessi hanno i corrispondenti centri A nella regione positiva e precisamente:

a) i punti A^* della regione compresa fra il circolo dei flessi e il circolo G^* di diametro $\frac{1}{2}\rho_0$ hanno i loro centri A nella regione positiva esterna al circolo dei flessi;

b) i punti A^* della regione interna al circolo G^* di diametro $\frac{1}{2}\rho_0$ hanno i rispettivi centri A nell'interno del circolo dei flessi, ed i relativi raggi di curvatura diminuiscono sempre più, avvicinandosi ad Ω, dove il raggio di curvatura e (in un certo senso) il movimento si annullano insieme.

Una chiara rappresentazione della legge di curvatura nell'interno del circolo dei flessi si ha tracciando i cerchi decrescenti di diametri:

$$+\rho_0, +\frac{1}{2}\rho_0, +\frac{1}{3}\rho_0, +\frac{1}{4}\rho_0 \ldots\ldots +\frac{1}{n}\rho_0$$

ciascuno dei quali, considerato come appartenente a Σ contiene i centri di curvatura delle traiettorie dei punti del successivo pensato come appartenente a Σ^*.

Regione negativa.

Nella regione negativa la legge di curvatura è, per così dire, inversa di quella della regione positiva, e cioè le posizioni dei punti A^* e dei centri A sono identicamente scambiate.

a) Se supponiamo tracciati i cerchi tangenti a (x) in Ω dei diametri successivamente crescenti:

$$-\frac{1}{n}\rho_0, -\frac{1}{n-1}\rho_0 \ldots\ldots -\frac{1}{3}\rho_0, -\frac{1}{2}\rho_0, -\rho_0$$

ciascuno di essi considerato come appartenente a Σ contiene i centri di curvatura delle traiettorie dei punti del successivo considerato come appartenente a Σ^*, ciò che dà una chiara idea della curvatura nell'interno del circolo delle cuspidi;

---

1) Il movimento infinitesimo potendo pensarsi come generato dal rotolamento del circolo G^* di raggio ρ_0 sull'asse (x), è questa una nota proprietà della cicloide.

b) Nella zona compresa fra i due ultimi circoli sono situati i centri A corrispondenti ai punti A^* della regione negativa esterna al circolo delle cuspidi, ed in questa come dicemmo in principio, sono situati i centri A corrispondenti ai punti A^* della regione positiva esterna al circolo dei flessi.

È chiaro che se invece del rotolamento di $d\sigma^*$ su $d\sigma$ si considera il rotolamento di $d\sigma$ su $d\sigma^*$ ritenuto fisso, la legge di curvatura viene identicamente invertita ed il circolo dei flessi diventa circolo delle cuspidi e viceversa.

Possiamo infine riassumere le caratteristiche principali della legge di curvatura nei seguenti enunciati:

I. *Tutti i punti di* Σ^* *descrivono traiettorie concave verso* Ω *salvo i punti di un circolo* (il circolo dei flessi) *che descrivono traiettorie di curvatura nulla*, e *i punti interni ad esso le cui traiettorie rivolgono verso* Ω *la loro convessità.*

II. *Pei punti esterni al circolo dei flessi e abbastanza lontani il movimento può dunque assomigliarsi ad una rotazione intorno ad* Ω, *mentre ciò è assolutamente esatto* (nei limiti del movimento infinitesimo) *pei punti dell'asse* (x) *tangente comune alle polodie nel centro istantaneo.*

Osserviamo infine che a questa legge generale di curvatura fa radicalmente eccezione il caso in cui il centro istantaneo Ω si trovi a distanza infinita, caso di cui faremo separata trattazione nel Cap. V.

§ 2. CONICHE CORRISPONDENTI Γ Γ^*

Le proprietà di corrispondenza fra i circoli $G_i G_i^*$, di cui i primi sono i luoghi dei centri di curvatura delle traiettorie dei punti dei secondi possono estendersi identicamente alle coniche tangenti in Ω all'asse (x) come segue.

Assunti gli assi del movimento come assi di coordinate cartesiane e distinguendo con (*) le coordinate dei punti pensati come mobili; l'equazione di una conica Γ del piano Σ tangente in Ω all'asse (x) può mettersi nella forma:

$$\frac{x^2}{\rho} + y\left(\frac{x}{x_0} + \frac{y}{y_0} - 1\right) = 0 \tag{7}$$

essendo le ρ, x_0, y_0 tre costanti di cui è facile vedere il significato.

Trasformando la (7) colle:

$$x = r \cos\varphi \qquad y = r \sin\varphi$$

se ne ricava una espressione di $\frac{1}{r}$ la quale sostituita nella (3) ci dà in r^*

e φ l'equazione del luogo Γ^* dei punti mobili, i centri di curvatura delle cui traiettorie sono su Γ.

Ritornando alle coordinate cartesiane colle:

$$x^* = r^* \cos\varphi \quad y^* = r^* \sin\varphi$$

e posto inoltre, in armonia colla (2):

$$\frac{1}{\rho} + \frac{1}{\rho_0} = \frac{1}{\rho^*} \qquad\qquad \frac{1}{y_0} + \frac{1}{\rho_0} = \frac{1}{y_0^*}$$

l'equazione del luogo Γ^* può scriversi:

$$(7)^* \qquad \frac{x^{*2}}{\rho^*} + y^*\left(\frac{x^*}{x_0} + \frac{y^*}{y_0^*} - 1\right) = 0$$

della quale è chiara la perfetta correlazione colla (7) onde risulta il noto [1]) enunciato:

I centri di curvatura delle traiettorie dei punti di Σ^* situati su una conica Γ^* tangente a (x) in Ω giacciono su analoga conica Γ parimenti tangente a (x) in Ω.

La sola condizione a cui devono soddisfare le (7) (7)* per essere le equazioni di due coniche Γ Γ^* si è dunque che ρ ρ^* e y_0 y_0^* siano due coppie di valori che soddisfano la (2) mentre x_0 è affatto arbitrario.

Rispetto al significato geometrico di queste quantità possiamo notare:

1.° Le y_0 y_0^* sono le lunghezze dei segmenti che le Γ e Γ^* tagliano su (y);

2.° Le tangenti alle coniche nei punti in cui esse tagliano (y) si incontrano su (x) in un punto di ascissa x_0;

3.° Infine le ρ e ρ^* sono rispettivamente i diametri dei circoli osculatori delle coniche nel punto di comune contatto Ω, ciò che può constatarsi differenziando due volte le (7) (7)*.

È poi senz'altro evidente che:

Se Γ^* taglia, tocca o non tocca, il circolo dei flessi sarà Γ una iperbole una parabola o una ellisse,	Se Γ taglia, tocca o non tocca il circolo delle cuspidi sarà Γ^* una iperbole una parabola o una ellisse,

e nella prima ipotesi le direzioni degli assintoti di Γ^* (rispett. Γ) sono determinate dalle congiungenti di Ω coi punti in cui Γ^* (rispett. Γ) taglia il circolo dei flessi (rispett. delle cuspidi).

Coniche Γ_g e Γ_g^*.

Fra le coniche tangenti a (x) in Ω deve evidentemente comprendersi anche la figura costituita dall'asse (x) medesimo e da una retta qua-

---

[1]) Vedi p. e. *Burmester* Lehrbuch der Kinematik Vol. I. Pag. 17.

lunque del piano. Ma poichè le traiettorie dei punti di (x) hanno l'unico comune centro di curvatura Ω così si deduce dagli enunciati precedenti: [1]).

Le traiettorie dei punti di Σ^* situati su una retta **g*** *hanno i loro centri di curvatura su una conica del fascio Γ che diremo Γ_g.*

Ed infatti ponendo:

nella (7) . . . . . . $\rho = -\rho_0$
e corrispond.te nella (7)* $\rho^* = \infty$
esse diventano:

$$\frac{x^2}{\rho_0} - y\left(\frac{x}{x_0} + \frac{y}{y_0} - 1\right) = 0$$

$$\frac{x^*}{x_0} + \frac{y^*}{y^*_0} - 1 = 0$$

I punti di Σ situati su una retta **g** *sono centri di curvatura delle traiettorie di punti di Σ^* situati su una conica del fascio Γ^* che diremo Γ_g^*.*

Ed infatti ponendo:

nelle (7) . . . . . . $\rho = \infty$
e corrispond.te nella (7)* $\rho^* = \rho_0$
esse diventano:

$$\frac{x}{x_0} + \frac{y}{y_0} - 1 = 0$$

$$\frac{x^{*2}}{\rho_0} + y^*\left(\frac{x^*}{x_0} + \frac{y}{y^*_0} - 1\right) = 0$$

coppie di relazioni le quali dimostrano i precedenti enunciati. Da queste relazioni ricaviamo inoltre:

Tutte le coniche Γ_g sono osculate in Ω dal circolo delle cuspidi, e quindi i rami di dette coniche tangenti all'asse (x) sono situati nella regione negativa e si osculano fra loro in Ω.

Il circolo delle cuspidi appartiene al fascio Γ_g come luogo dei centri di curvatura delle traiettorie di punti situati sulla retta all'∞.

Tutte le coniche Γ_g^* sono osculate in Ω dal circolo dei flessi, e quindi i rami di dette coniche tangenti all'asse (x) sono situati nella regione positiva e si osculano fra loro in Ω.

Il circolo dei flessi appartiene al fascio Γ_g^* come luogo dei punti mobili i centri di curvatura delle cui traiettorie sono situati sulla retta all'∞.

Pella costruzione grafica di queste coniche valgono i seguenti principi, che per brevità enunciamo pelle sole coniche Γ_g:

1.° La conica Γ_g è una iperbole, una parabola o una ellisse secondo che **g*** taglia, tocca o non tocca il circolo dei flessi.

2.° La tangente alla conica Γ_g nel punto in cui essa incontra l'asse (y) passa pel punto di intersezione di **g*** coll'asse (x).

3.° Il diametro della conica Γ_g passante per Ω è perpendicolare alla retta che congiunge il centro del circolo dei flessi col punto in cui **g*** taglia l'asse (x).

4.° Se Γ_g è una parabola questo diametro coincide alla congiungente di Ω col punto in cui **g*** tocca il circolo dei flessi.

5.° Se Γ_g è una iperbole le direzioni degli assintoti sono date dalle congiungenti di Ω cui punti in cui **g*** taglia il circolo dei flessi.

È dunque facile costruire il centro, una coppia di diametri ed eventualmente gli assintoti di una di queste coniche Γ_g (ovvero Γ_g^*).

---

1) Enunciato dovuto a Rivals — Journal de l'Ecole Polytecnique).

È poi senz'altro evidente che ad un fascio di rette parallele $\mathbf{g}^*$ (correlat. $\mathbf{g}$) corrisponde un fascio di coniche Γ_g (correlat. Γ_g^*) passanti per uno stesso punto del circolo delle cuspidi (correlat. dei flessi) il quale è determinato dalla parallela alle rette per Ω. I centri delle coniche appartenenti ad uno di questi fasci sono situati su una iperbole.

Cinque coniche di un simile fascio Γ_g corrispondenti a cinque posizioni parallele di una retta $\mathbf{g}^*$ sono rappresentate nelle Fig. 5 A-B-C-D-E.

Vedremo in seguito come tutte le proprietà generali esposte in questo e nel preced. § si sintetizzano considerando i sistemi geometrici corrispondenti Σ Σ^* e cioè la legge di curvatura (trasformazione quadratica) come la figura prospettica di un cilindro di 2° grado sul piano di una sua sezione circolare.

§ 3. GENERAZIONE PROSPETTICA DELLA LEGGE DI CURVATURA *(trasformazione quadratica)*

Indicando con $\mathbf{a}_i$ le rette del fascio di centro Ω concepite ciascuna come luogo di due punteggiate (proiettive) sovrapposte A_i A_i^* appartenenti rispettivamente ai sistemi Σ e Σ^* possiamo enunciare:

I. *Le punteggiate A_i A_i^* situate su $\mathbf{a}_i$ possono considerarsi come prospettive a due punteggiate eguali sovrapposte.*

Sia infatti $\mathbf{b}$ una retta (Fig. 7) sulla quale un segmento costante BB^* si muove generando due punteggiate uguali B_i B_i^*, e vengano queste proiettate da un centro P su una retta $\mathbf{a}$ di cui diremo Ω il punto limite rispetto a $\mathbf{b}$.

Sia inoltre J il punto limite di $\mathbf{b}$ e fatto $JB^*_0 = BB^*$ sia A_0^* la imagine di B_0^*.

Posto inoltre, in armonia colle notazioni già adoperate:

$$\Omega A = r \quad \Omega A^* = r^* \quad \Omega A_0^* = r_0^*$$

e facile ricavare per proprietà di triangoli simili la relazione:

$$\frac{1}{r^*} - \frac{1}{r} = \frac{BB^*}{JP\,.\,\Omega P} = \frac{1}{r_0^*} \tag{8}$$

la quale è precisamente la relazione che definisce le punteggiate A_i A_i^* nella legge di curvatura sul raggio $\mathbf{a}_i$ individuato dall'angolo φ, pel quale $r_0^* = \rho_0 \sin \varphi$.

II. *La legge di curvatura può concepirsi come la rappresentazione prospettica di un cilindro di 2° grado sul piano di una sua sezione circolare, fatta da un centro di prospettiva situato sulla superficie del cilindro medesimo.*

Sia infatti (V. la Fig. prospettiva 8) il circolo G la sezione circolare di un cilindro di 2.° grado, le cui generatrici immaginiamo percorse ciascuna da un segmento costante BB^* che vi genera due punteggiate eguali. Scelto inoltre ad arbitrio un centro di prospettiva P su una delle generatrici del cilindro si proiettino da esso le punteggiate B_i B_i^* delle diverse generatrici sul piano della sezione circolare G che diremo *piano del movimento* indicandolo con μ.

Detto Ω il punto in cui la generatrice che contiene P incontra il piano μ, è evidente che le generatrici del cilindro si proiettano nel fascio delle rette a passanti per Ω ciascuna delle quali è il luogo di due punteggiate proiettive sovrapposte che soddisfano a una relazione analoga alla (8).

Considerando ora la generatrice che incontra il circolo direttore in $\mathcal{G}$ e si proietta sulla retta a formante un angolo φ colla tangente al circolo direttore in Ω, detto inoltre d il diametro del circolo medesimo, è evidente che si ha:

$$\Omega\mathcal{G} = PJ = d \sin \varphi$$

onde posto:

$$\frac{1}{q} \cdot \frac{BB^*}{\Omega P} = \frac{1}{\rho_0} = \text{Costante per tutte le generatrici}$$

la relazione (8) per qualuque raggio a_i del fascio immagine delle generatrici può scriversi:

$$\frac{1}{r^*} - \frac{1}{r} = \frac{1}{\rho_0 \operatorname{sen} \varphi}$$

la quale coincide identicamente colla equazione generale (3) che definisce la legge di curvatura nel movimento infinitesimo, e dimostra il precedente enunciato.

Questa elegante sintesi delle leggi del movimento infinitesimo, ci dà una facile dimostrazione delle proprietà illustrate nel § precedente, ed infatti:

Ai punti B_i^* situati su una sezione piana qualunque β^* del cilindro corrispondono sul cilintro medesimo i punti B_i di una sezione piana β, parallela a β^*, e le due sezioni β e β^* si proiettano evidentemente sul piano μ del movimento in due coniche corrispondenti Γ Γ^*.

Parimenti tutte le sezioni del cilindro fatte con piani passanti per P, si proiettano da P nelle rette del piano μ e ad esse corrispondono le proiezioni di sezioni parallele passanti per uno stesso punto della generatrice $P\Omega$, le quali altro non sono che le coniche Γ_g e Γ_g^* etc. etc.

Infine questa genesi della legge di curvatura ci dà modo di dimostrare in forma sintetica una proprietà fondamentale della lègge medesima la quale basta a risolvere (nei limiti di un movimento infinitesimo) i diversi problemi che si presentano nelle applicazioni allo studio dei meccanismi, e cioè:

III. *Le due coppie di punteggiate proiettive* $A_1\ A_1^*$ *ed* $A_2\ A_2^*$ *esistenti su due raggi* $\mathbf{a}_1$ *ed* $\mathbf{a}_2$ *godono della proprietà che le coppie di rette come* $\overline{A_1 A_2}$ $\overline{A_1^* A_2^*}$ *si incontrano in punti* O *situati su una retta* $\mathbf{o}$ *passante pel centro* Ω, *la quale forma con* (x) *un angolo bisecato dalla bisettrice dell' angolo* $\widehat{\mathbf{a}_1 \mathbf{a}_2}$.

Detti infatti (Vedi Fig. 8) $\mathcal{G}_1$ e $\mathcal{G}_2$ i punti in cui le $\mathbf{a}_1\ \mathbf{a}_2$ tagliano un cerchio G che assumiamo come direttrice di un cilindro generatore delle figure prospettiche $\Sigma\Sigma^*$ nel piano del movimento, è evidente che essendo le $\mathbf{a}_1\ \mathbf{a}_2$ le immagini di due generatrici del cilindro saranno le $\overline{A_1 A_2}$, $\overline{A_1^* A_2^*}$ le immagini di due rette parallele situate nel piano delle generatrici medesime.

Le $\overline{A_1 A_2}$, $\overline{A_1^* A_2^*}$ devono dunque incontrarsi sulla retta $\mathbf{o}$ imagine della retta all' ∞ del piano delle due generatrici la quale è ovviamente la parallela a $\mathcal{G}_1\mathcal{G}_2$ per Ω, e forma coll'asse (x) un angolo bisecato dalla bisettrice dell'angolo $\mathbf{a}_1\ \mathbf{a}_2$ per note proprietà elementari del cerchio.

Ciò equivale a dire che deve essere:

$$\widehat{\mathbf{o}\,\mathbf{a}_2} = \varphi_1 \quad \text{ovvero} \quad \widehat{\mathbf{o}\,\mathbf{a}_1} = \varphi_2$$

Diremo la retta $\mathbf{o}$ *asse di collineazione*, od *asse prospettico* dei due raggi conjugati $\mathbf{a}_1\ \mathbf{a}_2$.

Se teniamo fissi i punti $A_2\ A_2^*$ e variamo la posizione di O sulla $\mathbf{o}$ (Fig. 9) possiamo costruire infinite coppie corrispondenti $A_1\ A_1^*$ sul raggio $\mathbf{a}_1$, le due punteggiate $A_1\ A_1^*$ presentandosi come prospettive della $\mathbf{o}$ rispetto ad $A_2\ A_2^*$ come centri di proiezione.

È poi senz'altro evidente che la parallela per A_2 al raggio $\mathbf{a}_1$ segna su $\mathbf{o}$ un punto J^* che da A_2^* è proiettato sulla $\mathbf{a}_1$ in un punto A_{01}^* del circolo dei flessi, e parimenti che la parallela per A_2^* al raggio $\mathbf{a}_1$ segna su $\mathbf{o}$ un punto J il quale da A_2 è proiettato sulla $\mathbf{a}_1$ in un punto A_{01} del circolo delle cuspidi.

Concludendo:

Le punteggiate $A_i\ A_i^*$ *situate su* $\mathbf{a}_i$ *possono riguardarsi come prospettive di una retta qualunque* $\mathbf{o}$ *passante per* Ω, *da una coppia qualunque di centri di prospettiva* $A_j A_j^*$ *situati sul raggio* $\mathbf{a}_j$ *coniugato di* $\mathbf{a}_i$ *rispetto ad* $\mathbf{o}$ *come asse di collineazione.*

Le proprietà enunciate ci permettono dunque di risolvere in ogni caso e facilmente i due problemi principali che si presentano nello studio del movimento infinitesimo di una figura piana e cioè:

a) Data la legge di curvatura costruire il centro di curvatura A della traiettoria di A^* e viceversa il punto A^* della cui traiettoria A è centro di curvatura: od in generale i luoghi di punti A ed A^* corrispondenti a luoghi di punti A^* ed A. [1])

b) Date due coppie $A_i A_i^*$, $A_j A_j^*$ determinare la legge di curvatura, e cioè gli assi del movimento ed i circoli dei flessi e delle cuspidi (e cioè il parametro ρ_0).

Gli enunciati precedenti comprendono cioè tutte le diverse costruzioni geometriche che si possono escogitare pella soluzione degli accennati problemi (costruzioni di Savary, di Bobillier etc.) le quali ci riserviamo di esemplificare con applicazioni allo studio del movimento della biella dei meccanismi elementari (v. § seguente).

§ 4. I MECCANISMI ELEMENTARI

Denominiamo *quadrilatero articolato* il meccanismo col quale si realizza il movimento della Figura piana Σ^* nel suo piano Σ, obbligando due suoi punti A_i^* A_j^* (*perni mobili*) a descrivere due circoli rispettivamente intorno a due centri A_i A_j (*perni fissi*) mediante *manovelle* $A_i A_i^*$, $A_j A_j^*$. Diremo *biella* il segmento mobile A_i^* A_j^* ed estensivamente in senso cinematico diremo *biella* la intera figura mobile Σ^* connessa alla A_i^* A_j^*.

Denominiamo *Meccanismi derivati dal quadrilatero articolato*, i meccanismi che si ottengono supponendo che uno o due dei perni, sia fissi che mobili siano situati a distanza infinita. È senz'altro evidente che se A_i è situato all' ∞ il movimento di A_i^* si riduce a una traslazione rettilinea.

Poichè inoltre il movimento circolare di A_i^* intorno ad A_i può pensarsi ottenuto obligando il circolo mobile di centro A_i^* e raggio A_i A_i^* a passare costantemente per A_i, così è chiaro che se A_i^* e situato all'∞, la coppia di perni A_i A_i^* equivale alla condizione che una retta di Σ^* passi costantemente per un punto di Σ.

Diremo *testacroce* un perno mobile di cui il corrispondente fisso è situato all' ∞.

Diremo *cursore* o *glifo mobile* la retta di Σ^* la quale passando costantemente per un punto di Σ (perno fisso del glifo) rappresenta il movimento di un perno mobile A_i^* situato a distanza infinita.

---

[1]) É p. e. facile dedurre una costruzione delle coniche Γ_g e Γ_g^* per fasci proiettivi. Ed infatti se A è un punto di una retta g ed A^* il corrispondente punto di Γ_g^* situati sul raggio $\mathbf{a}$, è chiaro che il fascio dei raggi $\mathbf{a}_1$ $\mathbf{a}_2$ $\mathbf{a}_3$ ... che proiettano da Ω i punti 1, 2, 3 ... della retta g ed il fascio degli assi di collineazione $\mathbf{o}_1$ $\mathbf{o}_2$ $\mathbf{o}_3$ .... relativi alle coppie coniugate $\mathbf{aa}_1$ $\mathbf{aa}_2$ $\mathbf{aa}_3$ .... sono fasci eguali rotati l'uno rispetto all'altro di un angolo φ. Per conseguenza il fascio che proietta da A^* i punti O_1 O_2 O_3 in cui le $\mathbf{o}_1$ $\mathbf{o}_2$ $\mathbf{o}_3$ .... tagliano g è proiettivo del fascio delle $\mathbf{a}_1$ $\mathbf{a}_2$ $\mathbf{a}_3$ ... e lo sega secondo una conica che è appunto la richiesta Γ_g^*.

È ben inteso che a queste denominazioni di *manovelle*, *biella*, *testa-croce*, *cursore*, *glifo*, *perni fissi e mobili*, diamo un significato prettamente cinematico, fatta astrazione da ogni idea di forme costruttive adombrata nelle denominazioni medesime.

Indicheremo col nome generico di *Meccanismi elementari*, i quadrilateri articolati e meccanismi derivati.

Quadruplice infinità dei meccanismi elementari

Data la legge del movimento infinitesimo e cioè dati gli assi (x) (y) e il parametro ρ_0, è evidente che esiste nel piano una quadruplice infinità di meccanismi elementari le cui bielle realizzano il movimento infinitesimo considerato, potendosi infatti sceglierne ad arbitrio i due perni fissi, ovvero i mobili, e in generale assoggettarne la determinazione a quattro condizioni indipendenti.

È anche evidente che se facciamo astrazione dalla scala delle grandezze, e cioè dal valore assoluto di ρ_0, che si può pensare assunto eguale all'unità lineare, questa quadruplice infinità comprende *tutti i possibili meccanismi elementari*, pei quali il centro istantaneo Ω (intersezione delle manovelle) si trova a distanza finita [1]).

Un dato meccanismo ha dunque una determinata *posizione* rispetto agli assi (x) (y) ed una determinata *grandezza* (rispetto a ρ_0) e può sempre esser individuato sulla Fig. 4, rappresentazione generale della legge di curvatura (trasformazione quadratica) e, per ciò che si è detto innanzi, rappresentazione generale di tutti i possibili meccanismi elementari, dalla quale desumeremo i criteri della loro classificazione.

Resti intanto ben chiaro che colla espressione « *un dato meccanismo elementare* » noi intendiamo un meccanismo di cui sono date non soltanto le dimensioni dei *pezzi* che lo compongono, ma anche la sua configurazione *attuale*, in modo che la stessa combinazione di pezzi articolati e scorrevoli dà luogo, rigorosamente parlando, a infiniti meccanismi. È però evidente che un dato meccanismo può, in un certo senso, conservare la sua *individualità cinematica* entro limiti più o meno estesi di escursione a partire da una certa configurazione media, concetto questo già da tempo adottato nella Cinematica applicata. Ed infatti p. e. i meccanismi noti coi nomi di *guida di Watt, guida di Evans* etc., si riguardano come tali solo in quanto il loro movimento abbia luogo entro certi limiti di escursione per cui alle traiettorie di certi punti di Σ^* si possano attribuire certe proprietà geometriche senza sensibile errore nelle applicazioni costruttive.

---

[1]) A questa quadruplice infinità si deve dunque aggiungere la triplice infinità di meccanismi elementari pei quali Ω si trova all'∞, e di cui il tipo è il quadrilatero articolato a manovelle parallele (V. Cap. V).

Dualità generale dei meccanismi elementari

La dualità che governa le leggi del movimento si rispecchia identicamente nei meccanismi che lo realizzano. Ed infatti se noi consideriamo (Fig. 4) i quattro punti simmetrici rispetto Ω ai quattro perni di un dato meccanismo elementare, è evidente che essi possono venire assunti come perni di un secondo meccanismo elementare e precisamente: i punti simmetrici ai perni mobili come perni fissi, e i simmetrici ai perni fissi come perni mobili.

Il nuovo meccanismo che così si ottiene non è altro (salvo diversa ubicazione per una rotazione di 180° intorno a Ω) che il meccanismo primitivo in cui le funzioni dei perni siano invertite, e cioè di cui si supponga fissa la biella $A_i^* \; A_j^*$ e mobile la $A_i \; A_j$, inversione che equivale a considerare il movimento di Σ rispetto a Σ^*.

Diremo *dualisticamente correlativi*, due simili meccanismi; ed infatti se consideriamo i movimenti elementari ed anche i movimenti continui delle bielle dei due meccanismi è chiaro che gli enunciati che definiscono il movimento della biella dell' uno, sono identicamente correlativi degli enunciati che definiscono il movimento della biella dell'altro.

La quadruplice infinità dei meccanismi elementari deve dunque concepirsi come doppia, e costituita cioè di due quadruplici infinità correlative, le quali nello schema generale della Fig. 4 si presentano come simmetriche rispetto al centro Ω.

Le sei famiglie di meccanismi elementari

Un primo criterio di classificazione, avente carattere sia cinematico che costruttivo, è quello che può desumersi dall'essere uno o più di uno dei perni, sia fissi che mobili situati a distanza infinita.

Tale limitazione dà luogo a triplici e duplici infinità di meccanismi derivati, alle quali conserveremo, completandole, le denominazioni che la pratica costruttiva, e i trattatisti di cinematica applicata hanno da tempo sancito.

Indicando coi simboli:

$A \; A^*$ due perni, fisso e mobile, situati a distanza finita;

∞, ∞^* due perni, fisso e mobile, situati a distanza infinita.

$A_{000} \; A_{000}^*$ due perni, fisso e mobile, situati rispettivamente sul circolo delle cuspidi e sul circolo dei flessi, di cui i corrispondenti, mobile e fisso, sono situati a distanza infinita;

noi possiamo distinguere sei *famiglie* di meccanismi elementari, delle quali quattro sono due a due fra loro correlative.

1.ª $(AA^*. AA^*)$ (Fig. 10)

Quadrilatero articolato = quadrupla infinità di meccanismi di cui i quattro perni sono situati a distanza finita.

2.ª $(AA^*. \infty A_{000}{}^*)$ (Fig. 11)

Manovella di spinta=tripla infinità di meccanismi di cui uno dei perni fissi è situati a distanza infinita.

3.ª $(AA^*. A_{000} \infty^*)$ (Fig. 12)

Glifomanovella =tripla infinità di meccanismi di cui uno dei perni mobili è situato a distanza infinita.

4.ª $(\infty A_{000}{}^*. A_{000} \infty^*)$ (Fig. 13)

Glifo-Testacroce [1] = doppia infinità di meccanismi di cui un perno fisso e un perno mobile sono all'∞, e di cui la biella è rappresentata da un cursore imperniato a una testa a croce.

5.ª $(\infty A_{000}{}^* \infty A_{000}{}^*)$ (Fig. 13)

Glifo a Croce=doppia infinità di meccanismi di cui i perni fissi sono situati all'∞.

6.ª $(A_{000} \infty^*. A_{000} \infty^*)$ (Fig. 13)

Giunto di Oldham=doppia infinità di meccanismi di cui i due perni mobili sono situati all'∞.

Configurazioni dei meccanismi elementari

I meccanismi di una stessa famiglia possono presentare diverse *configurazioni*, dipendentemente dall'essere i perni A A^* che si trovano a distanza finita situati nella regione positiva o nella regione negativa del piano ovvero sugli assi del movimento,

Diremo configurazioni *normali o qualunque*, quelle che hanno luogo quando nessuna coppia di perni cade sugli assi e la posizione dei perni non è vincolata ad alcuna condizione.

Queste configurazioni normali sono illustrate nelle Fig. 10-13, e se ne possono distinguere sei pel quadrilatero articolato, tre pella manovella di spinta e tre pel glifo manovella mentre i meccanismi delle rimanenti famiglie non possono avere che una unica configurazione.

Diremo invece configurazioni singolari le configurazioni che hanno luogo

a) quando i due perni fissi ovvero i due perni mobili si trovano su un circolo tangente in Ω ad uno degli assi del movimento (configurazioni circolari).

b) quando una od entrambe le coppie di perni si trovano sugli assi del movimento.

---

[1]) Proporremmo di adottare la denominazione: *Glifo-testacroce* come corrispondente alla *Schieberschleife* dei tedeschi.

Una coppia di perni può infatti essere situata sull'asse (y) ciò che è senz'altro evidente, ovvero sull'asse (x)

col perno mobile in Ω e il perno fisso in un punto qualunque di (x);	col perno fisso in Ω; e il perno mobile in un punto qualunque di (x);

poichè, come abbiamo veduto nel § 1°, qualunque punto di (x) può considerarsi come centro di curvatnra della traiettoria di Ω^*, mentre Ω è centro di curvatura della traiettoria di qualunque punto di $(x)^*$.

Queste configurazioni singolari godono di molte importanti proprietà; dalle quali deriveremo i criteri di una razionale classificazione che non è il caso di intraprendere ora.

Fra le configurazioni singolari denomineremo:

Configurazioni ortogonali le configurazioni nelle quali una delle coppie di perni è situato sull'asse (y) e l'altra sull'asse (x)

col perno mobile in Ω (*ortogonale diretta*).	col perno fisso in Ω (*ortogonale inversa*).

Configurazioni di punto morto [1]), le configurazioni nelle quali i quattro perni sono situati sull'asse (y).

Diremo inoltre: *Configurazioni parallele* le configurazioni di meccanismi nelle quali essendo le manovelle parallele, Ω è situato a distanza infinita. Queste configurazioni non rientrano dunque nello schema generale della legge di curvatura (trasformazione quadratica) e di esse faremo separata trattazione nel Cap. V.

Determinazione della legge di curvatura pel movimento di una biella

Quando sia dato un meccanismo elementare è facile, mediante la proprietà esposte nel § 3, determinare gli assi (x) (y) e il parametro ρ_0 relativi al movimento infinitesimo della sua biella (e cioè determinare quale grandezza e posizione compete al dato meccanismo nello schema della trasformazione quadratica (Fig. 4).

Esporremo succintamente questa determinazione per ciascuna delle sei famiglie di meccanismi.

1. *Quadrilatero articolato* ($A_1\ A_1^*$. $A_2\ A_2^*$) (Fig. 14).

Il punto di incontro delle manovelle individua il centro istantaneo Ω, e la congiungente Ω col punto O di intersezione della biella $A_1^*\ A_2^*$ colla $A_1\ A_2$ ci dà l'asse di collineazione $\mathbf{o}$ dei raggi delle manovelle $\mathbf{a}_1$ $\mathbf{a}_2$. Si individuano quindi gli assi ricordando che (x) forma con $\mathbf{a}_1$ un angolo eguale a quello che $\mathbf{o}$ forma con $\mathbf{a}_2$; ovvero osservando che la congiun-

1) Questa denominazione è spesso usata in modo improprio, e noi ne limiteremo l'uso alla definizione qui datane, onde p. e. non diremo *di punto morto* ma *ortogonale* la configurazione di una ordinaria manovella di spinta di cui la testacroce si trova all'estremità della sua corsa.

gente i piedi P_1 P_2 delle perpendicolari abbassate da O (o da un punto qualunque di **o**) sulle manovelle risulta parallela all' asse (y).

Si può anche determinare con una stessa operazione grafica il parametro ρ_0 e gli assi (x) (y). Tirata infatti per A_1 (per A_2) la parallela ad $\mathbf{a}_2$ (ad $\mathbf{a}_1$) a incontrare la **o**, si proietti il punto d' incontro da A_1^* (da A_2^*) sulla $\mathbf{a}_2$ (sulla $\mathbf{a}_1$) e si otterrà il punto A_{02}^* (il punto A_{01}^*) che appartiene al circolo dei flessi. Questo è dunque il circolo passante per Ω A_{01}^* A_{02}^*, di cui la tangente e il diametro per Ω danno gli assi (x) (y).

Queste costruzioni si semplificano ulteriormente pelle altre famiglie di meccanismi.

2.° *Manovella di spinta* $(A_1 A_1^* . \infty A_{000}^*)$ (Fig. 15)

Tirate per A_1 e A_{000}^* le perpendicolari alla guida della testacroce, di cui la prima incontra la biella in O, mentre la seconda incontra la manovella in Ω e la parallela per O alla guida in P_2, si cali da O la perpendicolare alla manovella in P_1.

La parallela alla P_1 P_2 per Ω determina l'asse (y) ed incontra la guida nel polo dei flessi Y_0.

3.° *Glifomanovella* $(A_1\ A_1^*\ A_{000}\ \infty^*)$ (Fig. 16)

Tirate per A_1^* e A_{000} le perpendicolari al cursore, delle quali la prima incontra la linea dei perni fissi in O, mentre la seconda incontra la manovella in Ω, ed in P_2 la parallela al cursore per O, si cali da O la perpendicolare alla manovella in P_1.

La parallela alla P_1 P_2 per Ω determina l'asse (y) ed incontra il cursore nel polo delle cuspidi Y_0^*.

4.° *Glifo-testacroce* (Fig. 13)

La intersezione delle perpendicolari all'asse del cursore in A_{000} e alla guida della testacroce in A_{000}^* dà il centro istantaneo Ω, mentre l'asse (y) è la retta per Ω che incontra la guida ed il cursore in punti equidistanti da Ω, punti che sono rispettivamente i poli dei flessi e delle cuspidi.

5.° *Glifo a croce* (Fig. 13)

Il centro della croce di guide o glifi fissi dà il polo dei flessi, e la intersezione delle perpendicolari ad essi nei due perni mobili dà il centro istantaneo.

6.° *Giunto di Oldham* (Fig. 13)

Il centro della croce di cursori e glifi mobili dà il polo delle cuspidi e l'intersezione delle perpendicolari ad essi nei perni fissi dà il centro istantaneo.

Meccanismi in configurazione di punto morto

Se il dato meccanismo è in configurazione di punto morto, la linea dei perni deve essere asse di simmetria del movimento [1]) e dà l'asse (y)

---

[1]) A stretto rigore però la direzione dell'asse (y) sarebbe indeterminata *nei limiti di un solo movimento infinitesimo*, ed infatti un meccanismo a punto morto si può pen-

ma si ha ambiguità del movimento del meccanismo di cui le manovelle possono ruotare sia nello stesso senso, sia in sensi contrari.

Ed infatti dicendo z_1 z_1^* z_2 z_2^* le distanze dei quattro perni da un punto fisso qualunque della linea di punto morto e z la distanza di Ω dal punto medesimo, dovremo avere per la legge generale di curvatura la relazione:

$$\frac{1}{z_1^* - z} - \frac{1}{z_1 - z} = \frac{1}{z_2^* - z} - \frac{1}{z_2 - z}$$

la quale ci dà per determinare z una equazione di 2° di cui le radici sono sempre reali e distinte (purchè i quattro perni del meccanismo siano distinti.

Esistono dunque in questo caso due rami delle polodie che nella configurazione di punto morto sono reciprocamente a contatto e di cui la linea di punto morto è la normale comune.

Scelta adunque una delle due posizioni di Ω, e cioè scelta la coppia di rami delle polodie che devono, rotolando [1]) determinare il movimento, la legge di curvatura risulta ovviamente definita e rientra nel caso generale.

---

sare situato su un raggio qualunque per Ω nello schema generale della trasformazione quadratica Fig. 4. La considerazione della simmetria affatto legittima e d' altronde intuitiva, implica però la considerazione non di uno ma di due movimenti infinitesimi successivi. Queste ed altre anomalie della configurazione di punto morto saranno più ampiamente discusse in luogo opportuno.

[1]) È noto infatti che può costruttivamente realizzarsi l' attraversamento della linea di punto morto, senza ambiguità, armando di profili d' ingranaggio un tratto dei rami delle polodie scelte a determinare il movimento.

CAPITOLO II.

DUE MOVIMENTI INFINITESIMI

§ 5. VARIAZIONE DELLA CURVATURA

Prendiamo ora a considerare due successivi movimenti infinitesimi della figura mobile Σ^*, e cioè immaginiamo che al rotolamento di $d\sigma^*$ su $d\sigma$ segua il rotolamento dell'arco elementare successivo a $d\sigma^*$ ed avente il raggio di curvatura $\rho^* + d\rho^*$, sull' arco elementare successivo a $d\sigma$ ed avente il raggio di curvatura $\rho + d\rho$.

Il punto mobile A^* il quale ha descritto nel primo movimento un arco elementare ds di cui erano A il centro e $\mathfrak{r} = r - r^*$ il raggio di curvatura, descriverà nel successivo movimento un arco elementare ds', di cui saranno A' il centro e $\mathfrak{r} + d\mathfrak{r}$ il raggio di curvatura, essendo A' un punto infinitamente vicino ad A sulla evoluta della traiettoria di A^*.

Ora è evidente che, se sono note le polodie la legge del movimento continuo di Σ^* è interamente determinata, e quindi la curvatura della traiettoria di un suo punto A^* può in un dato istante riguardarsi come funzione dell'arco σ^* della polodia mobile contato a partire da una origine arbitraria fino al punto che si trova in contatto colla polodia fissa nell'istante considerato.

Ma poichè pella definizione stessa del rotolamento, si ha in ogni istante:

$$d\sigma^* = d\sigma \qquad \text{e} \qquad \sigma^* = \sigma + \text{cost.}$$

così noi possiamo ritenere il raggio di curvatura funzione della variabile indipendente σ e differenziarlo rispetto ad essa.

Il coefficiente differenziale $\frac{d\mathfrak{r}}{d\sigma}$ ha dunque un determinato valore in ogni punto del piano, e meglio una coppia di valori secondo che il punto stesso si consideri come fisso con Σ o mobile con Σ^*.

E cioè considerando $\frac{d\mathfrak{r}}{d\sigma}$ come funzione di r^* e φ, essa ci dà in ogni punto A^* di Σ^* la variazione del raggio di curvatura della traiettoria di A^*, mentre considerandola come funzione di r e φ essa ci dà in ogni punto A di Σ la variazione del raggio di curvatura della traiettoria di cui A è centro di curvatura.

Indicheremo con Δ e Δ^* la funzione $\frac{d\mathfrak{r}}{d\sigma}$ concepita sia come funzione di Σ sia come funzione di Σ^* rispettivamente.

Abbiamo dalla (3): $r - r^* = \frac{r\,r^*}{\rho_0 \operatorname{sen}\varphi}$ dalla quale eliminando colla (3) r^* ovvero r:

$$(8)\qquad \begin{aligned} \mathfrak{r} &= r - r^* = \frac{r^2}{\rho_0 \operatorname{sen}\varphi + r} \\ \mathfrak{r} &= r - r^* = \frac{r^{*2}}{\rho_0 \operatorname{sen}\varphi - r^*} \end{aligned}$$

nei secondi membri delle quali dobbiamo ritenere le r r^* φ ρ_0 come funzioni della variabile σ.

Differenziando i secondi membri delle (8) rispetto alla variabile σ noi incontreremo dunque i coefficienti differenziali $\frac{dr}{d\sigma}$, $\frac{dr^*}{d\sigma}$, $\frac{d\varphi}{d\sigma}$, $\frac{d\rho_0}{d\sigma}$ dei quali i tre primi si possono eliminare mediante le:

$$(9)\qquad \begin{gathered} \frac{dr}{d\sigma} = \cos\varphi \qquad\qquad \frac{dr^*}{d\sigma} = \cos\varphi \\ \frac{d\varphi}{d\sigma} = \frac{1}{\rho} - \frac{\sin\varphi}{r} \;\ldots\ldots = \frac{1}{\rho^*} - \frac{\sin\varphi}{r^*} \end{gathered}$$

le quali si ricavano dalle formole generali polari [1]).

---

[1]) Alla seconda delle (9) si può giungere come segue. Detta p la perpendicolare abbassata dal punto fisso (punto di Σ) A sulla tangente alla polodia fissa nel punto di contatto (centro istantaneo) Ω abbiamo: $p = r \operatorname{sen}\varphi$ nella quale p r φ sono funzioni di σ, onde differenziandola rispetto a σ:

$$\frac{dp}{d\sigma} = \frac{dr}{d\sigma}\sin\varphi + r\cos\varphi\,\frac{d\varphi}{d\sigma}$$

e sostituendovi le note espressioni:

$$\frac{dr}{d\sigma} = \cos\varphi \qquad \frac{dp}{d\sigma} = \frac{dp}{dr}\cdot\frac{dr}{d\sigma} = \frac{r}{\rho}\cos\varphi$$

si ottiene identicamente:

$$\frac{d\varphi}{d\sigma} = \frac{1}{\rho} - \frac{\sin\varphi}{r}$$

È del resto facile stabilire direttamente la:

$$d\varphi = \frac{d\sigma}{\rho} - \frac{d\sigma\sin\varphi}{r}$$

Si noti inoltre che in queste formole la direzione positiva di (x) (tangente alle polodie) a partire dalla quale si contano gli angoli φ è presa in senso contrario al senso del rotolamento. È bene aver presente questa osservazione in tutte le successive ricerche

Eseguendo la differenziazione, tenuto conto delle (9) e ponendo inoltre:

$$(10)\quad \begin{aligned} \frac{1}{R} &= \frac{1}{3}\left(\frac{2}{\rho}-\frac{1}{\rho^*}\right)=\frac{1}{3}\left(\frac{1}{\rho}-\frac{1}{\rho_0}\right) \\ \frac{1}{R^*} &= \frac{1}{3}\left(\frac{2}{\rho^*}-\frac{1}{\rho}\right)=\frac{1}{3}\left(\frac{1}{\rho^*}+\frac{1}{\rho_0}\right) \\ \frac{1}{S} &= \frac{1}{3}\cdot\frac{1}{\rho_0}\cdot\frac{d\rho_0}{d\sigma} \end{aligned}$$

le funzioni Δ e Δ^* possono scriversi:

$$(11)\quad \begin{aligned} \Delta &= \frac{d\tau}{d\sigma} = 3\, r^2 \rho_0 \sin\varphi\cos\varphi \cdot \frac{\frac{1}{r}-\frac{1}{R\sin\varphi}-\frac{1}{S\cos\varphi}}{(\rho_0 \sin\varphi + r)^2} \\ \Delta^* &= \frac{d\tau}{d\sigma} = 3\, r^{*2} \rho_0 \sin\varphi\cos\varphi \cdot \frac{\frac{1}{r^*}-\frac{1}{R^*\sin\varphi}-\frac{1}{S\cos\varphi}}{(\rho_0 \sin\varphi - r^*)^2} \end{aligned}$$

fondamentali espressioni correlative le quali si trasformano l'una nell'altra mediante le:

$$\text{sen}\,\varphi\left(\frac{1}{r^*}-\frac{1}{r}\right)=\frac{1}{R^*}-\frac{1}{R}=\frac{1}{\rho_0}$$

Fermiamo ora la nostra attenzione sui luoghi nei quali le funzioni Δ e Δ^* cambiano di segno per essere il loro valore nullo od infinito.

Luoghi della curvatura stazionaria.

Esiste un luogo di Σ^* pei punti del quale $\Delta^* = 0$ e cioè il luogo:

$$\frac{1}{r^*}=\frac{1}{R^*\,\text{sen}\,\varphi}+\frac{1}{S\cos\varphi}$$

di cui i punti *descrivono traiettorie a curvatura stazionaria*, aventi cioè contatto del 3° ordine coi rispettivi circoli osculatori.

Esiste un luogo di Σ pei punti del quale $\Delta = 0$ e cioè il luogo:

$$\frac{1}{r}=\frac{1}{R\sin\varphi}+\frac{1}{S\cos\varphi}$$

di cui i punti sono *centri di curvatura delle traiettorie a curvatura stazionaria* descritte da punti di Σ^*.

Di questi luoghi della curvatura stazionaria tratteremo più specialmente nel § successivo.

Circoli dei flessi e delle cuspidi.

Esiste un luogo di Σ^* per i punti del quale $\Delta^* = \infty$ e cioè il luogo:

$$r^* = \rho_0 \sin\varphi$$

il quale non è altro che il circolo dei flessi.

Esiste un luogo di Σ per i punti del quale $\Delta = \infty$ e cioè il luogo:

$$r = -\rho_0 \sin\varphi$$

il quale non è altro che il circolo delle cuspidi.

Questi enunciati confermano quanto fu detto nella Introd. e cioè che pelle traiettorie dei punti pelle quali $\mathfrak{r} = \infty$ deve essere anche $\frac{d\mathfrak{r}}{d\sigma} = \infty$.

Il luogo dei punti mobili a curvatura stazionaria e il circolo dei flessi dividono la figura Σ^* in regioni tali che Δ^* cambia di segno passando da una di esse ad una adiacente.

Il luogo dei centri fissi della curvatura stazionaria e il circolo delle cuspidi dividono il piano Σ in regioni tali che Δ cambia di segno passando da una di esse ad una adiacente.

e quindi in generale:

Due punti mobili $A^* A^*$ descrivono traiettorie per le quali Δ^* ha lo stesso segno o segni contrarii, secondo che per andare dall'uno all'altro è necessario tagliare un numero pari o dispari di volte il circolo dei flessi e il luogo mobile della curvatura stazionaria complessivamente.

Due punti AA sono centri di curvatura di traiettorie per le quali Δ ha lo stesso segno o segni contrari secondo che per andare da uno all' altro è necessario tagliare un numero pari o dispari di volte il circolo delle cuspidi e il luogo fisso della curvatura stazionaria complessivamente.

È infine interessante osservare che pei punti di Σ^* situati sull' asse (x) la funzione Δ^* è costante ed infatti per $\varphi = 0$ la (11) dà:

$$\Delta^* = \frac{3\,R}{R^* - R} = \frac{-3\,\rho_0}{R^*} = \text{Costante}.$$

Possiamo anche formulare l'enunciato dualistico relativo ai punti di Σ situati su (x) ma esso non ha senso che pel movimento reciproco in cui si supponga fisso Σ^* e mobile Σ, e quindi coincide coll' antecedente.

Ed infatti sull'asse (x) non si trova (in generale) alcun centro di curvatura della traiettoria di un punto di Σ^*, o almeno che si possa considerare tale *entro i limiti di due movimenti infinitesimi.*

Fra i punti mobili situati su (x) devesi specialmente notare il punto mobile che cade in Ω il quale descrive in generale una cuspide semplice di curvatura infinita. Ora noi abbiamo veduto nella Introd. che una simile singolarità è caratterizzata dall'essere $\frac{d\mathfrak{r}}{d\sigma}$ diverso da zero mentre $\mathfrak{r} = o$ ciò che collima appunto coll'enunciato precedente.

La curvatura della traiettoria descritta dal punto mobile che cade in Ω non è dunque in generale stazionaria, *sebbene Ω appartenga, come vedremo, ai luoghi della curvatura stazionaria.*

§ 6. Luoghi $\Lambda\Lambda^*$ della curvatura stazionaria

Indicheremo coi simboli:

Λ il luogo fisso della curvatura stazionaria,

Λ^* il luogo mobile della curvatura stazionaria,

i quali sono definiti dalle equazioni:

$$(12) \qquad \frac{1}{r} = \frac{1}{R \sin \varphi} + \frac{1}{S \cos \varphi}$$

$$(12)^* \qquad \frac{1}{r^*} = \frac{1}{R^* \sin \varphi} + \frac{1}{S \cos \varphi}$$

ovvero, in coordinate cartesiane:

$$(12)^{bis} \qquad (x^2 + y^2).\left(\frac{1}{R\,y} + \frac{1}{S\,x}\right) = 1$$

$$(12)^{*bis} \qquad (x^{*2} + y^{*2})\left(\frac{1}{R^*\,y^*} + \frac{1}{S\,x^*}\right) = 1$$

I luoghi Λ e Λ^* sono dunque due cubiche a cappio (focali a nodo) le quali presentano ciascuna un punto doppio nell'origine ove i due rami sono tangenti agli assi [1]).

Ciascuna di queste cubiche possiede un unico assintoto, e può ottenersi come trasformata per raggi vettori reciproci di una iperbola equilatera, [2]) ovvero come podaria di una parabola, genesi che merita per la sua importanza una più particolareggiata discussione.

Ed infatti se A è un punto della cubica Λ (Fig. 18) tirata la perpendicolare in A al raggio vettore a incontrare gli assi (x) (y) in X' Y' il luogo dei punti Q' di cui le coordinate sono $x' = \Omega X'$, $y' = \Omega Y'$ è una linea retta.

Si ha infatti evidentemente:

$$x' = \frac{r}{\cos \varphi} = \frac{x^2 + y^2}{x} \qquad y' = \frac{r}{\text{sen } \varphi} = \frac{x^2 + y^2}{y}$$

---

[1]) Ciò equivale, come è noto, a cinque condizioni, e perchè inoltre la cubica passa per i punti ciclici, così bastano due ulteriori condizioni per determinare la cubica medesima di cui l'equazione contiene infatti due sole costanti arbitrarie.

[2]) L'equazione di una iperbole equilatera riferita ad assi paralleli agli assintoti e di cui l'origine sia sulla curva può infatti scriversi:

$$\frac{1}{R\,y} + \frac{1}{S\,x} = 1, \text{ ed in coordinate polari: } \frac{1}{R \text{ sen } \varphi} + \frac{1}{R \cos \varphi} = r$$

in cui R ed S sono due costanti.

le quali combinate colla $(12)^{bis}$ danno:

$$\frac{x'}{S} + \frac{y'}{R} = 1$$

equazione di una linea retta che incontra gli assi (x) (y) in punti R_0 ed S_0 tali che $\Omega S_0 = S$, $\Omega R_0 = R$.

Il tracciamento della cubica Λ può quindi farsi (colla sola squadra) calando da Ω le perpendicolari sulle congiungenti i piedi delle coordinate [1]) dei punti della retta R_0 S_0 e poichè queste congiungenti, per note proprietà proiettive inviluppano una parabola tangente agli assi nei punti R_0 ed S_0 così possiamo enunciare:

Le cubiche $\Lambda\Lambda^*$ luoghi della curvatura stazionaria sono le podarie rispetto a Ω di due parabole tangenti agli assi del movimento, e cioè:

tangenti all'asse (x) in uno stesso punto S_0 di ascissa S;

tangenti all'asse (y) rispettivamente in due punti R_0 ed R_0^* di ordinate R *ed* R*.

Questa proprietà ci fornisce anche una ovvia costruzione grafica della cubica Λ (o Λ^*) come luogo delle intersezioni di due fasci di circoli passanti per Ω, i cui centri sono i piedi delle coordinate dei punti della retta **h** che congiunge i punti di mezzo X Y dei segmenti ΩS_0 e $\overline{\Omega R_0}$, costruzione che è rappresentata nella Fig. 21.

Se ne ricava altresì una spedita determinazione dei parametri R (ovvero R*) ed S di una cubica di cui siano noti due punti A_1 A_2 (ovvero A_1^* A_2^*) come segue:

tirate infatti (Fig. 19), in A_1 e A_2 le perpendicolari ai raggi vettori a incontrare gli assi in X_1 Y_1, X_2 Y_2 rispettivamente, la retta **h** che congiunge i punti di mezzo H_1 H_2 dei segmenti $\overline{X_1 Y_1}$, $\overline{X_2 Y_2}$, taglia sugli assi (x) e (y) due segmenti:

$$\Omega X = \frac{1}{2} S \qquad \Omega Y = \frac{1}{2} R \text{ rispettivamente.}$$

Riferendoci alla cubica Λ (pella Λ^* bastando cambiare R in R*) possiamo riassumere come segue le proprietà geometriche [2]) di queste curve:

---

[1]) È quindi evidente che se la retta è parallela ad uno degli assi, (e cioè se uno dei parametri è infinito) la parabola si riduce a un fascio di rette, e la cubica si scinde in un circolo e nell'altro asse. Questi casi di degenerazione saranno trattati nel CAP. IV.

[2]) Queste proprietà si dimostrano facilmente coi soliti metodi di investigazione differenziale per l'uso dei quali è qui opportuno porre $u = \frac{1}{r}$ e costruire le espressioni di $\frac{d u}{d \varphi}$ e $\frac{d^2 u}{d \varphi^2}$ (riguardando naturalmente R ed S come costanti).

1. Le due costanti S ed R sono i diametri dei cerchi osculatori dei due rami della curva tangenti agli assi (y) ed (x) nel punto doppio Ω, e quindi tracciati questi due circoli (V. Fig. 22) il cappio della curva cade entro l'area comune ai circoli medesimi.

2. Abbandonando il punto doppio i due rami si allontanano in direzioni opposte di un unico assintoto di cui la inclinazione è data da $\text{tang.}\ \varphi = -\frac{S}{R}$ onde detto φ_0, l'angolo che la $\overline{\Omega Q}$ forma con (x) si ha $\varphi = 180^\circ - \varphi_0$, mentre la distanza dell'assintoto da Ω è data dalla inversa di $\frac{1}{R \cos \varphi_0} + \frac{1}{S \operatorname{sen} \varphi_0}$, e per conseguenza l'assintoto è la retta simmetrica rispetto Ω alla congiungente i piedi delle coordinate di Q, e parallela alla medesima (V. fig. 22).

3. L'assintoto taglia uno dei rami della curva nel punto in cui esso è incontrato dal raggio vettore corrispondente a $\varphi = \varphi_0 + 90^\circ$ ed oltre quel punto il ramo della cubica presenta un flesso nel punto per cui $\text{tang.}\ \varphi = -\sqrt[3]{\text{tang}\ \varphi_0}$.

Se però $S = R$ il flesso e il punto di rincontro coll'assintoto vanno a distanza infinita, e la cubica si presenta simmetrica rispetto al raggio vettore che corrisponde a $\varphi = 45^\circ$.

4. Il raggio vettore del punto di flesso è simmetrico rispetto (x) al raggio vettore massimo del cappio il quale corrisponde a $\text{tg.}\ \varphi = +\sqrt[3]{\text{tg}\ \varphi_0}$, ed in corrispondenza di questo massimo il raggio di curvatura è la quarta parte del raggio vettore.

Ricordando la genesi della trasformazione quadratica come figura prospettica di un cilindro di 2.° grado (V. § 3) e la genesi della cubica Λ come luogo delle intersezioni di due sistemi di circoli si può anche dimostrare:

Una cubica Λ è la figura prospettica della cubica gobba intersezione del cilindro generatore della rappresentazione prospettica con un cono di 2° grado di cui il vertice è sulla generatrice del cilindro che contiene il centro di proiezione, il quale cono è segato dal piano di proiezione secondo un circolo tangente in Ω all'asse (x).

Cubiche corrispondenti $\Lambda\Lambda^*$

Quanto fu esposto pella cubica Λ vale identicamente pella Λ^*, onde R^* è il diametro di curvatura del ramo di Λ^* tangente in Ω all'asse (x), mentre i rami di Λ e Λ^* tangenti in Ω all'asse (y) vi si osculano reciprocamente avendo lo stesso diametro di curvatura S.

Se dunque R ed R^* sono del medesimo segno e sia:

A) $R > R^*$.
devono necessariamente le R ed R^* essere dal segno di ρ_0 e cioè positive onde i due cappii si trovano nella regione positiva, situati l' uno dentro l'altro (il cappio di Λ^* entro il cappio di Λ) come è rappresentato nella Fig. 23.

B) $R < R^*$,
devono necessariamente le R ed R^* essere di segno opposto a quello di ρ_0 e cioè negative, onde i due cappii si trovano nella regione negativa (il cappio di Λ entro il cappio di Λ^*) come è rappresentato nella Fig. 24.

C) Ed infine se R ed R^* sono di segni opposti i due cappi si trovano da parti opposte dell'asse (x) e cioè: (Fig. 25.)
il cappio di Λ nella regione negativa,
« « Λ^* « « positiva.

Tutto ciò risulta molto chiaramente quando si osservi che le R ed R^* devono, in grandezza e segno soddisfare la $\frac{1}{R^*} - \frac{1}{R} = \frac{1}{\rho_0}$ in cui ρ_0 è per dato una quantità positiva.

Quanto al segno di S esso non ha influenza che nel determinare la ubicazione dei cappii delle cubiche da una parte o dall'altra dell'asse (y). Secondo quanto fu osservato nella nota a pag. 30 la direzione positiva di (x) secondo la quale S è contata positivamente deve intendersi presa in senso contrario al rotolamento, e cioè in senso contrario a $d\sigma$.

I parametri R R^* S.

Aggiungiamo alcune considerazioni intorno al significato cinematico dei *parametri della curvatura stazionaria* (diametri di curvatura dei luoghi dalla curvatura stazionaria in Ω).

I parametri R ed R^* sono simmetricamente funzioni di ρ e ρ^* e la differenza delle loro inverse dà il valore della velocità angolare (rispetto a σ) del movimento di Σ^* e cioè il parametro della legge di curvatura:

$$\frac{d\omega}{d\sigma} = \frac{1}{\rho_0} = \frac{1}{R^*} - \frac{1}{R} = \frac{1}{\rho^*} - \frac{1}{\rho}$$

$$\frac{1}{R^*} + \frac{1}{R} = \frac{1}{3}\left(\frac{1}{\rho^*} + \frac{1}{\rho}\right)$$

le quali si ricavano facilmente dalle (10).

Il parametro S dipende dalla accelerazione angolare di Σ^* (rispetto a σ) ed infatti differenziando la prima delle due precedenti.

$$\frac{d^2\omega}{d\sigma^2} = -\frac{3}{S} \cdot \frac{1}{\rho_0} = -\frac{3}{S} \cdot \frac{d\omega}{d\sigma} = \frac{1}{S}\left(\frac{1}{R} - \frac{1}{R^*}\right)$$

e quindi:

$$-\frac{1}{S} = \frac{1}{3} \cdot \frac{d^2\omega}{d\sigma^2} : \frac{d\omega}{d\sigma} \qquad \text{ovvero:} \qquad -\frac{d\sigma}{S} = \frac{1}{3} \cdot \frac{d^2\omega}{d\omega}$$

la quale osservando che σ ed S sono contati in senso contrario sull'asse (x) ci dà una elegante interpretazione cinematica dal parametro S.

È ovvio che la S può anche esibirsi come una funzione simmetrica delle R ed R* (ovvero delle ρ e ρ^*) e dei loro coefficienti differenziali rispetto a σ. La determinazione delle R R* S relative al movimento di una biella forma oggetto di speciale trattazione nel § 8.

§ 7. ONDULAZIONE E CUSPIDAZIONE

Fermiamo ora la nostra attenzione sulle intersezioni di Λ^* col circolo dei flessi, quanto per esse si espone valendo in senso dualisticamente correlativo pelle intersezioni di Λ col circolo delle cuspidi.

Abbiamo enunciato che pei punti di Λ^* si ha $\Delta^* = 0$ e pei punti del circolo dei flessi: $\Delta^* = \infty$ onde pei punti di intersezione la funzione Δ^* si presenterebbe dalla forma $0:0$ e cioè di valore apparentemente indeterminato.

Questi punti di intersezione non possono essere che due, e cioè il punto mobile che cade in Ω e che diremo Ω^*, ed il punto A^*_{00}, in cui la parallela per Ω all'assintoto di Λ incontra il circolo dei flessi (dovendo ovviamente questo punto corrispondere al punto all'∞ di Λ).

Ora noi abbiamo già osservato (V. § 5), che nel punto Ω^* la funzione Δ^* non è in realtà indeterminata, perchè questo punto appartiene all'asse (x) lungo il quale Δ^* ha un valore costante e finito; d'altronde Ω^* descrive, come abbiamo osservato, una cuspide di curvatura in generale infinita, singolarità per la quale l' accennata condizione deve appunto verificarsi. (V. Introd.).

Il punto Ω^* appartiene dunque bensì al luogo Λ^*, ma non descrive *in generale* una traiettoria a curvatura stazionaria, e parimenti Ω appartiene bensì al luogo Λ ma non è, *in generale*, centro di curvatura stazionaria.

Fermiamo ora la nostra attenzione sul punto A^*_{00} in cui Λ^* taglia ulteriormente il circolo dei flessi. La indeterminazione di Δ^* non è in esso che apparente, ed è facile concludere dalla (11) che in realtà $\Delta^* = \infty$, ciò che deve essere altresì pei principii generali esposti nella Introd. per le traiettorie di curvatura nulla. D' altronde differenziando la (5) (tenuto conto delle (9)):

$$\frac{d\psi}{d\sigma} = \frac{\sin\varphi}{r^*} - \frac{1}{\rho_0} \qquad (5)$$

si ottiene facilmente pei punti del circolo dei flessi:

$$\frac{d^2\psi}{d\sigma^2} = \frac{3}{\rho_0}\left(\frac{1}{S} + \frac{\cot\varphi}{R}\right)$$

espressione che si annulla nel punto A^*_{00} di intersezione di Λ^* col circolo dei flessi, e dimostra che la traiettoria di A^*_{00} presenta la singolarità di curvatura nulla e stazionaria che abbiamo denominato *ondulazione* (in cui τ raggiunge il valore ∞ senza cambiare di segno). (V. Introd).

Per ovvie considerazioni dualistiche, o direttamente, possiamo dunque concludere che nel punto A_{00} in cui il luogo Λ taglia il circolo delle cuspidi, una retta g_{00}^* di Σ^* inviluppa la singolarità correlativa della ondulazione e cioè una *cuspidazione*, la quale si può concepire come risultante da due cuspidi coincidenti ed è un tratto di curvatura infinita in cui τ passa pel valore zero senza cambiare di segno.

Possiamo dunque enunciare in forma dualistica; (V. le fig. 23, 24, 25).

Il luogo Λ^* incontra il circolo dei flessi nel punto A^*_{00} individuato dal raggio vettore corrispondente all'angolo φ dato dalla:

$$\operatorname{tg}\varphi = -\frac{S}{R}$$

il quale gode la proprietà di descrivere una traiettoria in ondulazione, secondo la direzione g_{00} passante per Y_0.

Il luogo Λ incontra il circolo delle cuspidi in un punto A_{00} individuato dal raggio vettore corrispondente all'angolo φ dato dalla:

$$\operatorname{tg}\varphi = -\frac{S}{R^*}$$

il quale gode la proprietà che la retta g^*_{00} dal fascio Y^*_0 passante per esso vi inviluppa una curva in cuspidazione.

Questi punti si possono dunque determinare anche senza tracciare le cubiche Λ Λ^*.

Osserviamo inoltre:

Il punto A^*_{00} di cui la traiettoria si mantiene di curvatura nulla per due movimenti successivi, deve riguardarsi come l'intersezione di due successivi circoli dei flessi nel movimento continuo di Σ^*.

Il punto A_{00} nel quale una retta di Σ^* inviluppa una curva la cui curvatura si mantiene infinita per due movimenti successivi deve riguardarsi come intersezione di due successivi circoli delle cuspidi nel movimento continuo di Σ^*.

Questo modo di vedere può analiticamente confermarsi differenziando rispetto a σ le equazioni dei circoli dei flessi e delle cuspidi.

Ed infatti differenziando:

$$r^* - \rho_0 \operatorname{sen}\varphi = 0$$

tenuto conto delle (9) si giunge alla:

$$\left(\frac{2}{\rho} - \frac{1}{\rho^*}\right)\cos\varphi + \frac{1}{\rho_0}\frac{d\rho_0}{d\sigma}\sin\varphi = 0$$

e cioè pelle (10):

$$\operatorname{tg}\varphi = -\frac{S}{R}$$

Ed infatti differenziando:

$$r + \rho_0 \sin\varphi = 0$$

tenuto conto delle (9) si giunge alla:

$$\left(\frac{2}{\rho^*} - \frac{1}{\rho}\right)\cos\varphi + \frac{1}{\rho_0}\frac{d\rho_0}{d\sigma}\sin\varphi = 0$$

e cioè pelle (10):

$$\operatorname{tg}\varphi = -\frac{S}{R^*}$$

Da questo modo di considerare la genesi dei punti di ondulazione e di cuspidazione si deducono altresì gli importanti enunciati:

Il punto A^*_{00} divide il circolo dei flessi in due archi, a partire da Ω, pei quali i rami dei flessi si incurvano in sensi contrari rispetto a un osservatore situato in Ω.

Il punto A_{00} divide il circolo delle cuspidi in due archi, a partire da Ω, pei quali le cuspidi inviluppate si rivolgono in sensi contrari rispetto a un osservatore situato in Ω.

Ed infatti (enunciato di sinistra) i punti dell'*attuale* circolo dei flessi situati rispettivamente sui due archi in cui A^*_{00} lo divide a partire da Ω, si troveranno in seguito a un piccolo movimento di Σ*, essere gli uni interni e gli altri esterni al nuovo circolo dei flessi; ed in tale condizione, se le traiettorie degli uni sono concave verso Ω, le traiettorie degli altri saranno convesse e, viceversa, ciò che dimostra l'enunciato in parola.

Da questo enunciato è legittimo dedurre il correlativo, poichè nella dualità di posizione che governa le leggi del movimento

dei punti A^*_0 del circolo dei flessi rispetto alle rette $\mathbf{g}_0$ del fascio di centro Y_0,

delle rette $\mathbf{g}^*_0$ del fascio di centro Y^*_0 rispetto ai punti A_0 del circolo delle cuspidi,

sono fatti cinematici correlativi:

il trovarsi A^*_0 da una parte o dall'altra dalla retta $\mathbf{g}_0$ sulla quale si trovava inizialmente.

il trovarsi $\mathbf{g}^*_0$ da una parte o dall'altra del punto A_0 pel quale passava inizialmente.

I due enunciati precedenti relativi alla curvatura dei flessi ed al senso delle cuspidi sono illustrati dalla fig. 27, la quale rappresenta un movimento elementare caratterizzato dai parametri R* = — R = S = 200 mill.

I luoghi Λ* e Λ sono dunque cubiche eguali e simmetriche rispetto a (*x*) e tagliano rispettivamente i circoli dei flessi e delle cuspidi in punti simmetrici.

Il movimento di Σ* è ottenuto assumendo due punti A_i A_j di Λ come perni fissi e i corrispondenti $A_i^*A_j^*$ di Λ* come perni mobili di un quadrilatero articolato alla cui biella la figura mobile Σ* si suppone connessa. Si sono in tal modo tracciate le traiettorie di un certo numero di punti del circolo dei flessi nonché la ondulazione di A^*_{∞} secondo $\mathbf{g}_{\infty}$, e parimenti le cuspidi inviluppate da rette del fascio di centro Y^*_0 nonchè la cuspidazione di $\mathbf{g}^*_{\infty}$ in A_{∞}.

É chiaro che la curvatura dei rami dei flessi da una parte o dall' altra di A^*_{∞} e parimenti il senso delle cuspidi prima e dopo A_{∞} soddisfano agli enunciati precedenti.

Si osservi anche la cuspide descritta del punto mobile che cade sul centro istantaneo Ω.

Estendendo al movimento continuo la genesi dei punti di ondulazione e di cuspidazione possiamo enunciare:

Il luogo dei successivi punti di ondulazione è il luogo delle successive intersezioni dei circoli e dei flessi relativi ai successivi istanti del movimento.

Questo luogo è dunque il secondo inviluppo dei circoli dei flessi, l'altro essendo dato dalla polodia mobile o dalla fissa, secondo che il luogo delle ondulazioni si consideri in Σ* ovvero in Σ.

Il luogo dei successivi punti di cuspidazione è il luogo delle successive intersezioni dei circoli delle cuspidi, relativi ai successivi istanti del movimento.

Questo luogo è dunque il secondo inviluppo dei circoli delle cuspidi, l'altro essendo dato dalla polodia fissa o dalla mobile, secondo che il luogo delle cuspidazioni si consideri in Σ ovvero in Σ*.

Nel movimento continuo della Σ^* adunque:

I due luoghi fisso e mobile delle ondulazioni si toccano tagliandosi nell'attuale punto di ondulazione ove sono tangenti all'attuale circolo dei flessi, ed il luogo mobile rotola strisciando sul fisso in modo che il punto attuale di contatto descrive una ondulazione secondo una direzione $\mathbf{g}_{00}$ *del piano fisso* Σ *passante pel polo attuale dei flessi.*

I due luoghi fisso e mobile delle cuspidazioni si toccano tagliandosi nell' attuale punto di cuspidazione, ove sono tangenti all'attuale circolo delle cuspidi ed il luogo mobile rotola strisciando sul fisso in modo che una retta $\mathbf{g}^*_{00}$ *di* Σ^* *passante pel punto di contatto e pel polo attuale delle cuspidi, inviluppa nel punto di contatto una cuspidazione.*

Possiamo inoltre dimostrare:

le successive rette $\mathbf{g}_{00}$ *di* Σ *secondo le quali hanno luogo le successive ondulazioni sono le tangenti al luogo dei successivi poli dei flessi, che diremo polodia dei flessi.*

le rette $\mathbf{g}^*_{00}$ *che successivamente si trovano in cuspidazione sono le tangenti del luogo dei successivi poli delle cuspidi, che diremo polodia delle cuspidi.*

Ed infatti (enunciato di sinistra) se noi diciamo Y'_0 il nuovo polo dei flessi dopo il rotolamento di $d\sigma^*$ su $d\sigma$ (fig. 1), è facile vedere che la $Y_0 Y'_0$, forma coll'asse (y) un angolo ε il quale è dato dalla:

$$\operatorname{tg} \varepsilon = \frac{(\rho - \rho_0)\, d\tau}{d\rho_0}$$

la quale poichè $\rho d\tau = d\sigma$, può scriversi:

$$\operatorname{tg} \varepsilon = \left(\frac{1}{\rho_0} - \frac{1}{\rho}\right) : \frac{1}{\rho_0} \cdot \frac{d\rho_0}{d\sigma} = -\frac{S}{R}$$

e così dimostra che la retta $\mathbf{g}_{00}$ è appunto la tangente alla polodia dei flessi nell' attuale polo dei flessi [1]. Analogamente o per dualità di posizione si deduce l'enunciato correlativo.

Possiamo dunque riassumendo enunciare che nel movimento continuo di Σ^* (in generale):

esiste un luogo di Σ^* *di cui in ogni istante un punto descrive una ondulazione secondo la tangente alla polodia dei flessi nel polo attuale dei flessi,*

esiste un luogo di Σ^*, *(la polodia delle cuspidi) di cui in ogni istante una tangente* (la tangente nel polo attuale delle cuspidi) *inviluppa una cuspidazione in un punto di* Σ (il punto di cuspidazione).

---

[1]) Ciò può anche dimostrarsi in modo affatto elementare considerando due successivi circoli dei flessi ed osservando che la retta che congiunge la estremità dei due diametri passanti per uno dei loro punti di intersezione passa per l'altro punto d'intersezione.

Il movimento elementare costituito da due movimenti infinitesimi successivi può dunque sempre riguardarsi come determinato dalla condizione che un punto di Σ^* percorra una retta di Σ, mentre per un punto di Σ passa una retta di Σ^*.

Osserviamo infine:

la normale alla polodia dei flessi dà in ogni istante la direzione dell'assintoto del luogo Λ della curvatura stazionaria nel piano fisso Σ.

la normale alla polodia delle cuspidi dà in ogni istante la direzione dell'assintoto del luogo Λ^* della curvatura stazionaria nella figura mobile Σ^*.

Regioni delle traiettorie a due flessi e degli inviluppi a due cuspidi.

Supponiamo ora che i due rami della ondulazione di A^*_{00} siano convessi verso Ω (come p. e. nella fig. 27) e prendiamo a considerare un tratto finito della traiettoria di un punto A^* esterno al circolo dei flessi e vicinissimo ad A^*_{00}. Questa traiettoria, per ovvia legge di continuità, differirà pochissimo dalla forma della ondulazione, e dovrà quindi ad una certa distanza da A^* presentarsi convessa verso Ω; ma poichè in A^* essa è concava verso Ω (V. § 3) così è evidente che essa deve essere costituita di due flessi distinti e consecutivi. Parimente se la ondulazione fosse concava verso Ω si dimostra che un punto interno al circolo dei flessi e vicinissimo ad A^*_{00} deve godere l'accennata proprietà.

Questa proprietà ammette ovviamente la correlativa onde possiamo enunciare:

In prossimità del punto di ondulazione esiste una regione di Σ^* di cui i punti descrivono traiettorie che presentano due flessi distinti e consecutivi.

Diremo questa la *Regione delle traiettorie a due flessi.*

In prossimità del punto di cuspidazione esiste una regione di Σ entro la quale le rette di Σ^* perpendicolari al raggio vettore inviluppano delle curve che presentano due cuspidi distinte e consecutive.

Diremo questa la *Regione degli inviluppi a due cuspidi.*

Questi enunciati risultano anche dal fatto che i punti A^*_{00} e A_{00} appartengono agli inviluppi dei successivi circoli dei flessi e delle cuspidi rispettivamente ed è quindi evidente che:

in vicinanza di A^*_{00} possiamo trovare infiniti punti per ciascuno dei quali passano due circoli dei flessi

in vicinanza di A_{00} possiamo trovare infiniti punti per ciascuno dei quali passano due circoli delle cuspidi

relativi a due istanti del movimento che differiscono di un intervallo finito.

La regione (regione di Σ^*) delle traiettorie a due flessi non è dunque tutta interna o tutta esterna al circolo attuale dei flessi, o comunque limitata da esso, ma è invece limitata *da una parte*, dal luogo (mobile) delle ondulazioni.

Soltanto possiamo affermare che *lungo il raggio vettore da* Ω ad A^*_{00} i punti le cui traiettorie presentano due flessi si trovano internamente ovvero esternamente al circolo dei flessi secondo che i rami della ondulazione di A^*_{00} sono concavi o convessi verso Ω dipendentemente dal segno della: $\frac{d^3\psi}{d\sigma^3}$ e cioè della:

$$\frac{d}{d\sigma}\left(\frac{1}{S}+\frac{\cot\varphi}{R}\right)$$

nel punto A_{00}^* di Σ^*.

La regione (regione di Σ) degli inviluppi a due cuspidi non è dunque tutta interna o tutta esterna al circolo attuale delle cuspidi, o comunque limitata da esso, ma è invece limitata *da una parte*, dal luogo (fisso) delle cuspidazioni.

Soltanto possiamo affermare che *lungo il raggio vettore da* Ω ad A_{00} le perpendicolari al raggio medesimo di cui gli inviluppi presentano due cuspidi, lo incontrano internamente od esternamente al circolo delle cuspidi secondo che i rami della cuspidazione in A_{00} sono concavi o convessi verso Ω, dipendentemente dal segno della: $\frac{d^3s'}{d\sigma^3}$ e cioè della:

$$\frac{d}{d\sigma}\left(\frac{1}{S}+\frac{\cot\varphi}{R^*}\right)$$

nel punto A_{00} di Σ.

Per l'enunciato di sinistra è anche facile concludere che i rami della ondulazione sono convessi verso Ω se $\frac{d^3\psi}{d\sigma^3}$ è positivo; ed infatti nelle formole generali del § 1. il valore positivo di $\frac{d\psi}{d\sigma}$ caratterizza la curvatura delle traiettorie dei punti situati internamente al circolo dei flessi, le quali sono appunto convesse verso Ω.

Onde chiarire il senso concreto dell'enunciato che lungo il circolo delle cuspidi la direzione delle cuspidi inviluppate *durante il movimento elementare* cambia di segno in A_{00}, mentre i punti del circolo stesso in vicinanza di A_{00} appartengono alla regione degli inviluppi a due cuspidi, abbiamo rappresentato nella fig. 27bis (in forma semplicemente dimostrativa) l' andamento geometrico di un tratto finito degli inviluppi delle rette che *attualmente* inviluppano una cuspide, prima e dopo il punto di cuspidazione. Questa figura non abbisogna di ulteriori dilucidazioni.

NOTA SUL CENTRO DI ACCELERAZIONE

Il parametro S della curvatura stazionaria definisce altresì la posizione del centro di accelerazione. Abbiamo veduto infatti (V. la nota a pag. 16) che il circolo dei flessi è il luogo dei punti di Σ^* di cui la accelerazione normale è nulla; possiamo ora dimostrare che nella ipotesi che si ritenga costante la *velocità di rotolamento*, e cioè sia

$\frac{d\sigma}{dt} =$ costante, il luogo dei punti di cui è nulla la accelerazione tangenziale è pure un circolo, il quale è individuato dal parametro S.

Ed infatti, in tale ipotesi, differenziando la espressione della velocità v di un punto qualunque di Σ^*:

$$v = \frac{d\sigma}{dt} \cdot \frac{r^*}{\rho_0}$$

tenuto conto della:

$$\frac{dr^*}{d\sigma} = \cos\varphi$$

si ottiene pella accelerazione tangenziale:

$$\frac{dv}{dt} = \frac{1}{\rho_0} \cdot \left(\frac{d\sigma}{dt}\right)^2 \cdot \left(\cos\varphi - \frac{r^*}{\rho_0} \cdot \frac{d\rho_0}{d\sigma}\right)$$

espressione che è nulla pei punti del luogo:

$$r^* = \rho_0 \cos\varphi : \frac{d\rho_0}{d\sigma} = \frac{1}{3} S \cos\varphi$$

e cioè pei punti del circolo di diametro $\frac{1}{3} S$ passante per Ω e di cui il centro è sull'asse (x).

Questo circolo taglia inoltre il circolo dei flessi nel punto individuato da

$$\cot\varphi = \frac{d\rho_0}{d\sigma}$$

punto di cui è nulla la accelerazione totale (centro di accelerazione).

Quattro punti singolari sono dunque da considerare sul circolo dei flessi e cioè:

1° il centro istantaneo di cui è nulla la velocità e l'accelerazione;

2° il centro di accelerazione di cui è nulla la sola accelerazione;

3° il polo dei flessi;

4° il punto di ondulazione.

Il centro di accelerazione si determina dunque facilmente quando si ritenga costante la velocità di rotolamento, e cioè si ritenga il tempo contato uniformemente lungo l'arco delle polodie rotolanti.

Il punto di ondulazione e il centro di accelerazione coincidono col polo dei flessi quando sia $\frac{d\rho_0}{d\sigma} = 0$ e cioè il parametro S sia infinitamente grande.

§ 8. Curvatura stazionaria nel movimento di una biella.

Se il movimento di Σ^* è determinato dalla biella di un meccanismo elementare $A_1\, A_1^*\, A_2\, A_2^*$ la ricerca dei parametri R R* S, e dei luoghi $\Lambda\Lambda^*$ può farsi con grandissima semplicità mediante i principi esposti nel § 6.

Ed infatti le traiettorie dei perni mobili $A_1^*\, A_2^*$, essendo circolari devono riguardarsi come aventi coi rispettivi circoli di curvatura di centri $A_1\, A_2$, un contatto di ordine qualsivoglia, e quindi i perni mobili $A_1^*\, A_2^*$ devono essere situati sul luogo Λ^*, ed i perni fissi $A_1\, A_2$ devono parimente essere situati sul luogo Λ.

Sono dunque noti due punti di ciascuna delle cubiche Λ e Λ^*.

Costruzioni grafiche.

Come fu dimostrato nel § 6 la determinazione grafica dei parametri della curvatura stazionaria e il tracciamento dei luoghi $\Lambda\ \Lambda^*$ può farsi coll'uso della sola squadra [1]), quando siano noti gli assi del movimento (x) (y).

Per maggiore chiarezza di esposizione ripeteremo in forma completa la determinazione grafica dei parametri R R* S per un meccanismo elementare (quadrilatero articolato fig. 17).

Determinati gli assi (x) (y) si tirino in A_1 e A_1^* le perpendicolari alla manovella [1] sulle quali gli assi tagliano i segmenti $\overline{X_1 Y_1}$, $\overline{X_1^* Y_1^*}$, di cui sieno H_1 e H_1^* i punti di mezzo; parimente tirate in A_2 e A_2^* le perpendicolari alla manovella [2] su cui gli assi tagliano i segmenti $\overline{X_2 Y_2}$, $\overline{X_2^* Y_2^*}$, siano H_2 e H_2^* i punti di mezzo di detti segmenti.

Le rette $H_1 H_2$, $H_1^* H_2^*$ devono incontrarsi in un medesimo punto X dell'asse (x) il quale dista da Ω della lunghezza $\frac{1}{2}$ S, ed incontrano l'asse (y) in punti Y e Y^* distanti da Ω delle lunghezze $\frac{1}{2}$ R e $\frac{1}{2}$R* rispettivamente.

I punti Y e Y^* sono i centri di curvatura dei rami delle cubiche $\Lambda\ \Lambda^*$ tangenti in Ω all'asse (x), mentre X è il comune centro di curvatura dei rami tangenti in Ω all'asse (y) etc. etc. I rapporti — S : R e — S : R* individuano quindi i raggi vettori per Ω i quali incontrano i circoli dei flessi e delle cuspidi rispettivamente nel punto di ondulazione A_{00}^* e di cuspidazione A_{00}.

---

[1]) Avendo presente che si può bisecare un segmento rettilineo coll'uso della sola squadra.

Poichè inoltre, dato un meccanismo elementare, la determinazione degli assi del movimento della biella si fa coll'uso della sola squadra (v. § 4) così non è senza interesse il constatare che il tracciamento dei luoghi della curvatura stazionaria pel movimento di una biella non esige il compasso.

Se poi il dato meccanismo elementare è una manovella di spinta, il punto A_{00}^* coincide colla testacroce [1]), dovendo evidentemente la testacroce trovarsi sul circolo dei flessi e sul luogo Λ^*. Parimente se il dato meccanismo è un *glifo-manovella*, il perno fisso del glifo o cursore coincide con A_{00}, ed infine se il dato meccanismo è un *glifo-testacroce* il perno della testacroce e il perno del cursore coincidono rispettivamente con A_{00}^* ed A_{00} [2]). In questi casi indicheremo detti punti coi simboli A_{000}^* e A_{000}.

Serie equivalenti

Se supponiamo dati i luoghi della curvatura stazionaria $\Lambda\Lambda^*$, è evidente che tirando due raggi per Ω ad arbitrio noi possiamo individuare una doppia infinità di meccanismi elementari, di cui i perni fissi sono su Λ e i mobili su Λ^* i quali godono la proprietà di imprimere alla Σ^* connessa alla loro biella movimenti elementari caratterizzati dagli stessi parametri, e cioè movimenti elementari pei quali gli stessi punti di un luogo Λ^* descrivono traiettorie a curvatura stazionaria intorno ai punti di uno stesso luogo Λ.

Diremo: *Serie di meccanismi equivalenti* o: *Serie equivalente*, e più brevemente: *Serie* una simile infinità di meccanismi, la quale comprende, in generale:

1.º Una doppia infinità di *quadrilateri articolati;*

2.º Una semplice infinità di *manovelle di spinta;*

3.º Una semplice infinità di *glifi-manovelle;*

4.º Un unico meccanismo del *glifo-testacroce.*

Una simile serie è sinteticamente rappresentata nella Fig. 25 in cui abbiamo indicato il *cursore*, la *testacroce* ed una coppia di *manovelle*, appartenenti ai meccanismi elementari di una serie equivalente. Analoghe rappresentazioni possono farsi sulle Fig. 23 e 24.

Determinazione analitica dei parametri R, R*, S.

Se $r_1\ \varphi_1$, $r_2\ \varphi_2$, coordinate di $A_1\ A_2$ sono due coppie di valori che soddisfano la (12), e parimente se $r_1^*\ \varphi_1$, $r_2^*\ \varphi_2$ coordinate di $A_1^*\ A_2^*$ sono due coppie di valori che soddisfano la (12)*, queste due equazioni possono scriversi in forma di determinanti:

---

[1]) La traiettoria di A_{00}^* essendo in tal caso rettilinea non è propriamente una ondulazione ordinaria, ma può riguardarsi come una ondulazione di grado ∞ ; analogo enunciato vale pella cuspidazione nel caso del Glifo-manovella.

[2]) I meccanismi delle famiglie 5ª e 6ª e cioè il Glifo a croce e il Giunto di Oldham, rientrano fra i casi particolari pei quali ha luogo degenerazione dei luoghi della curvatura stazionaria in circoli e rette, dei quali faremo separata trattazione nel Cap. IV.

$$(13)\quad \begin{vmatrix} \frac{1}{r} & \frac{1}{\sin\varphi} & \frac{1}{\cos\varphi} \\ \frac{1}{r_1} & \frac{1}{\sin\varphi_1} & \frac{1}{\cos\varphi_1} \\ \frac{1}{r_2} & \frac{1}{\sin\varphi_2} & \frac{1}{\cos\varphi_2} \end{vmatrix} = 0 \qquad (13)^* \quad \begin{vmatrix} \frac{1}{r^*} & \frac{1}{\sin\varphi} & \frac{1}{\cos\varphi} \\ \frac{1}{r_1^*} & \frac{1}{\sin\varphi_1} & \frac{1}{\cos\varphi_1} \\ \frac{1}{r_2^*} & \frac{1}{\sin\varphi_2} & \frac{1}{\cos\varphi_2} \end{vmatrix} = 0$$

riducibili anche alle notevoli forme simmetriche:

$$(14)\quad \frac{\cos\varphi}{r}\left(\cot\varphi_1 - \cot\varphi_2\right) + \frac{\cos\varphi_1}{r_1}\left(\cot\varphi_2 - \cot\varphi\right) + $$

$$+ \frac{\cos\varphi_2}{r_2}\left(\cot\varphi - \cot\varphi_1\right) = 0$$

$$(14)^*\quad \frac{\cos\varphi}{r^*}\left(\cot\varphi_1 - \cot\varphi_2\right) + \frac{\cos\varphi_1}{r_1^*}\left(\cot\varphi_2 - \cot\varphi\right) + $$

$$+ \frac{\cos\varphi_2}{r_2^*}\left(\cot\varphi - \cot\varphi_1\right) = 0$$

le quali sono facili a ricordare grazie alla permutazione ciclica degli indici:

Dalle (13) e (13)* si ricavano altresì le espressioni dei parametri R R* S.

$$(15)\quad \frac{1}{R} = \frac{\frac{\cos\varphi_1}{r_1} - \frac{\cos\varphi_2}{r_2}}{\cot\varphi_1 - \cot\varphi_2} \qquad (15)^*\quad \frac{1}{R^*} = \frac{\frac{\cos\varphi_1}{r_1^*} - \frac{\cos\varphi_2}{r_2^*}}{\cot\varphi_1 - \cot\varphi_2}$$

$$(16)\quad \frac{1}{S} = \frac{\frac{\operatorname{sen}\varphi_1}{r_1} - \frac{\operatorname{sen}\varphi_2}{r_2}}{\operatorname{tg}\varphi_1 - \operatorname{tg}\varphi_2} \quad \ldots\ldots (16)^* \ldots = \frac{\frac{\operatorname{sen}\varphi_1}{r_1^*} - \frac{\operatorname{sen}\varphi_2}{r_2^*}}{\operatorname{tg}\varphi_1 - \operatorname{tg}\varphi_2}$$

l'eguaglianza delle due espressioni di $\frac{1}{S}$ risultando ovviamente dalla equazione generale della curvatura.

È anche facile verificare che queste formole altro non sono che la espressione analitica delle costruzioni grafiche dei valori di R ed S (correlativamente di R* ed S) precedentemente esibite ed illustrate nella Fig. 17.

Per mezzo della (16) possiamo inoltre stabilire una interessante relazione la quale ci dimostrerà che il parametro S dipende esclusivamente dai valori di φ_1 e φ_2 e dalla distanza $O\Omega$ (essendo O il punto di intersezione di A_1 A_2 colla A_1^* A_2^* situato sull'asse di collineazione delle a_1 e a_2 (v. § 3).

Ed infatti, note le posizioni di $A_1 A_1^*$ $A_2 A_2^*$ (v. fig. 20) si hanno evidentemente fra le aree dei triangoli di vertice Ω le due relazioni:

$$\Omega A_1 A_2 = \Omega A_2\, O - \Omega A_1 O$$
$$\Omega A_1^* A_2^* = \Omega A_2^* O - \Omega A_1^* O$$

e cioè, posto $\Omega O = q$:

$$r_1\, r_2 \sin(\varphi_1 - \varphi_2) = (r_2 \sin\varphi_1 - r_1 \sin\varphi_2)\,.\,q$$

$$r_1^*\, r_2^* \sin(\varphi_1 - \varphi_2) = (r_2^* \sin\varphi_1 - r_1^* \sin\varphi_2)\,.\,q$$

dalle quali si ricava facilmente.

$$\frac{\cos\varphi_1 \cos\varphi_2}{q} = \frac{\frac{\operatorname{sen}\varphi_1}{r_1} - \frac{\sin\varphi_2}{r_2}}{\operatorname{tg}\varphi_1 - \operatorname{tg}\varphi_2} = \frac{\frac{\operatorname{sen}\varphi_1}{r_1^*} - \frac{\sin\varphi_2}{r_2^*}}{\operatorname{tg}\varphi_1 - \operatorname{tg}\varphi_2} = \frac{1}{\mathrm{S}} \text{ pella (16)},$$

relazione che scriviamo:

$$(16)^{\text{bis}} \qquad q = \mathrm{S} \cos\varphi_1 \,.\, \cos\varphi_2$$

e che dimostra appunto che il parametro S dipende soltanto dai valori di $\varphi_1\ \varphi_2\ q$.

Allorquando siano noti questi valori la $(16)^{\text{bis}}$ mostra che la costruzione grafica del valore del parametro S può farsi, molto semplicemente innalzando (v. fig. 20) da O una perpendicolare alla **o** ad incontrare $\mathbf{a}_1$ in Q_1 (ovvero $\mathbf{a}_2$ in Q_2) e quindi da Q_1 la perpendicolare ad $\mathbf{a}_1$ (ovvero da Q_2 la perpendicolare ad $\mathbf{a}_2$) fino a incontrare l'asse (x) in S_0, risultando evidentemente: $\Omega S_0 = \mathrm{S}$.

Determinati adunque, sia numericamente colle (15) e le (16), sia graficamente mediante le costruzioni dianzi indicate i valori dei parametri R R* S, le relazioni (10) ci danno pei raggi di curvatura delle polodie e pella variazione di ρ_0 le espressioni:

$$(17) \qquad \frac{1}{\rho} = \frac{2}{\mathrm{R}} + \frac{1}{\mathrm{R}^*} \qquad \frac{1}{\rho^*} = \frac{2}{\mathrm{R}^*} + \frac{1}{\mathrm{R}} \qquad \frac{d\rho_0}{d\sigma} = 3\,\frac{\frac{1}{\mathrm{S}}}{\frac{1}{\mathrm{R}^*} - \frac{1}{\mathrm{R}}}$$

Osserviamo infine che le formole (13) (14) (15) (16) e relative costruzioni grafiche fanno completamente difetto, nè possono in alcun modo applicarsi per due ipotesi singolari e cioè:

a) quando i punti A_1^* A_2^* ed i centri A_1 A_2 si trovano su una medesima retta (caso dei meccanismi elementari in *configurazione di punto morto*);

b) quando sia la $A_1 A_1^*$ parallela alla $A_2 A_2^*$ e quindi Ω situato a distanza infinita (caso di meccanismi elementare in *configurazione parallela).*

Riservandoci di fare una speciale trattazione del caso contemplato in questa seconda ipotesi il quale presenta sensibili anomalie (v. CAP. V), ci occuperemo ora di investigare in qual modo si possa, nella prima ipotesi o ipotesi di *punto morto,* giungere alla determinazione dei valori dei parametri R R* S.

Indeterminazione di punto morto.

Se i due punti $A_1^* A_2^*$ e i due centri $A_1 A_2$ si trovano su una medesima retta, le direzioni degli assi del movimento risultano indeterminate *nei limiti di un solo movimento infinitesimo.* Ed infatti nella legge generale di curvatura definita dalla (3) e rappresentata nella fig. 4, la quaderna $A_1 A_1^*$ $A_2 A_2^*$ si può pensare come situata su un raggio qualunque per Ω. Se però A_1 ed A_2 debbano essere centri di curvatura delle traiettorie di A_1^* ed A_2^* per due o più di due movimenti infinitesimi successivi (come è il caso per un quadrilatero articolato) la retta che contiene A_1 ed A_2 deve essere asse di simmetria del movimento elementare di Σ^*, e come tale deve coincidere coll'asse (y). In tale ipotesi la condizione: $\varphi_1 = \varphi_2$ implica necessariamente la: $\varphi_1 = \varphi_2 = 90^o$.

Con questo valore di φ_1 e φ_2 le espressioni (15) (15)* e (16) delle $\frac{1}{R}$, $\frac{1}{R^*}$, $\frac{1}{S}$ si presentano di forma indeterminata, ma tale indeterminazione almeno pelle R ed R*, non può essere che apparente, essendo pelle (10) le R ed R* funzioni delle ρ ρ^* che devono pur avere determinati valori.

Ed infatti se differenziamo rispetto a σ, i numeratori e i denominatori delle (15) e (15)* riguardando in esse le r_1 r_2 r_1^* r_2^* φ_1 φ_2 come funzione di σ, tenuto conto delle (9), che generalizziamo nella forma:

$$(9) \qquad \frac{dr}{d\sigma} = \frac{dr_i^*}{d\sigma} = \cos\varphi_i \qquad \frac{d\varphi_i}{d\sigma} = \frac{1}{\rho} - \frac{\operatorname{sen}\varphi_i}{r_i} = \frac{1}{\rho^*} - \frac{\operatorname{sen}\varphi_i}{r_i^*}$$

e ponendo nei risultati $\varphi_1 = \varphi_2 = 90^o$, otteniamo:

$$(18) \qquad \begin{aligned} \text{Lim.}\ \frac{1}{R} &= \frac{1}{r_1} + \frac{1}{r_2} - \frac{1}{\rho} \\ \text{Lim.}\ \frac{1}{R^*} &= \frac{1}{r_1^*} + \frac{1}{r_2^*} - \frac{1}{\rho^*} \end{aligned}$$

mentre procedendo analogamente pella espressione (16) si ottiene:

$$\text{Lim.}\ \frac{1}{S} = 0 .$$

$$(18)^{bis} \qquad \begin{aligned} \frac{1}{r_1} + \frac{1}{r_2} &= \frac{3}{R} + \frac{1}{R^*} \\ \frac{1}{r_1^*} + \frac{1}{r_2^*} &= \frac{3}{R^*} + \frac{1}{R} \end{aligned}$$

dalle quali si ricava:

$$(19) \qquad \begin{aligned} \frac{1}{R} &= \frac{3}{8}\left(\frac{1}{r_1} + \frac{1}{r_2}\right) - \frac{1}{8}\left(\frac{1}{r_1^*} + \frac{1}{r_2^*}\right) \\ \frac{1}{R^*} &= \frac{3}{8}\left(\frac{1}{r_1^*} + \frac{1}{r_2^*}\right) - \frac{1}{8}\left(\frac{1}{r_1} + \frac{1}{r_2}\right) \end{aligned}$$

espressioni radicalmente diverse dalle (15).

Il procedimento di ulteriore differenziazione dianzi impiegato non ha in realtà altro senso se non che nel caso di punto morto per determinare le leggi della curvatura stazionaria *è necessario prendere in considerazione non già due, ma tre movimenti infinitesimi successivi;* precisamente come, secondo osservammo in principio, è necessario prendere in considerazione non già un solo ma due movimenti infinitesimi per determinare, nel caso di punto morto, la legge generale della curvatura.

Ed in realtà la Σ^* connessa alla biella di un quadrilatero articolato a punto morto $A_1\, A_1^*\, A_2\, A_2^*$ gode di una *libertà di movimento infinitesimo* maggiore di quella che compete alla biella di un quadrilatero articolato qualunque.

Noi dobbiamo infatti ammettere che nel primo caso la distanza di un punto qualunque dell' arco infinitesimo ds_1 della traiettoria di A_1^* da un punto qualunque dell' arco infinitesimo ds_2 della traiettoria di A_2^* è sempre eguale alla lunghezza della biella $A_1^*\, A_2^*$, la quale per conseguenza può prendere sugli archi ds_1 e ds_2 infinite posizioni infinitamente vicine, entro i limiti delle quali la posizione rispettiva delle manovelle e quindi il rapporto delle loro velocità angolari sono necessariamente indeterminati.

Da ciò deriva la necessità, in questo caso, di prendere in considerazione un numero di movimenti infinitesimi che è di una unità maggiore del numero in generale necessario per determinare le proprietà e leggi del movimento e constateremo (v. § 10) che lo stesso principio vale anche pelle proprietà di curvatura *pseudo-stazionaria.*

Il senso che deve in questo caso attribuirsi all' annullamento di $\frac{1}{S}$ forma oggetto di estese ricerche nel Cap. IV.

Ci limitiamo qui ad osservare che tale condizione equivale alla $\frac{d^2\omega}{d\sigma^2} = 0$ la quale esprime che entro i limiti di due movimenti infinitesimi, la velocità angolare $\frac{d\omega}{d\sigma}$ è costante.

CAPITOLO III.

TRE MOVIMENTI IMFINITESIMI

§ 9. Le coppie principali

Come la considerazione di due movimenti infinitesimi e cioè di quattro posizioni di Σ^* infinitamente vicine ci ha guidato alla determinazione dei luoghi della curvatura stazionaria, così la considerazione di tre movimenti infinitesimi, e cioè di cinque posizioni di Σ^* infinitamente vicine, ci dimostrerà che esistono in generale quattro suoi punti A_1^* A_2^* A_3^* A_4^* ciascuno dei quali gode la proprietà che le cinque sue posizioni successive si trovano su di un cerchio, il cerchio osculatore della rispettiva traiettoria.

Questa traiettoria ha dunque col suo cerchio osculatore un contatto del 4° ordine.

Diremo questi punti: *punti mobili principali* ovvero, secondo le denominazioni adottate nella Introd.: *punti a curvatura pseudo-stazionaria* della figura mobile Σ^*.

Parimente diremo: *centri fissi principali* ovvero: *centri di curvatura pseudo-stazionaria* i rispettivi centri di curvatura A_1 A_2 A_3 A_4.

Una considerazione elementare può persuaderci a priori della esistenza di queste quattro coppie principali.

Designando infatti con *1.°* *2.°* *3.°* i tre movimenti infinitesimi successivi ed inoltre con:

Λ^*_{12} il luogo Λ^* relativo ai movimenti *1°-2°*
Λ^*_{23} il luogo Λ^* relativo ai movimenti *2°-3°*

è chiaro che un punto comune a Λ^*_{12} Λ^*_{23} gode della proprietà che cinque sue posizioni successive si trovano sul circolo osculatore della sua traiettoria, di cui il centro è il corrispondente punto di intersezione dei luoghi $\Lambda_{12}\Lambda_{23}$ di Σ.

Ora i punti di intersezione dei luoghi $\Lambda^*_{12}\Lambda^*_{23}$ fra loro (e così pure di $\Lambda_{12}\Lambda_{23}$ fra loro) sono in generale quattro, e non mai più di quattro; ed infatti due simili cubiche hanno tre punti comuni in Ω (ciò che è facile constatare tracciando le cubiche relative a due istanti di un movimento continuo, che differiscono di un intervallo finito) e comuni pure i due punti ciclici, onde non possono ulteriormente tagliarsi che in quattro punti, [1]) come ci verrà confermato dalla ricerca analitica che segue.

Secondo quanto fu esposto nella INTROD. le coppie principali, o coppie di curvatura pseudo-stazionaria $A_i A_i^*$ devono infatti soddisfare le

$$\frac{d}{d\sigma}\left(r-r^*\right)=0 \qquad \frac{d^2}{d\sigma^2}\left(r-r^*\right)=0$$

e cioè le equazioni correlative (12) e (12)* dei luoghi $\Lambda\Lambda^*$ e le equazioni correlative che si deducono da esse differenziandole rispetto a σ.

Adoperiamo all'uopo la (12)

$$(12) \qquad \frac{1}{r}=\frac{1}{\mathrm{R}\,\operatorname{sen}\varphi}+\frac{1}{\mathrm{S}\,\cos\varphi}$$

nella quale si devono riguardare le r φ R S come funzioni della variabile indipendente σ.

Differenziando dunque la (12) ed eliminando dal risultato r colla (12) e $\frac{dr}{d\sigma}$, $\frac{d\varphi}{d\sigma}$ colle (9):

$$(9) \qquad \frac{dr}{d\sigma}=\cos\varphi \qquad \frac{d\varphi}{d\sigma}=\frac{1}{\rho}-\frac{\operatorname{sen}\varphi}{r}=\frac{1}{\mathrm{R}}+\frac{1}{\mathrm{R}^*}-\frac{\operatorname{tg}\varphi}{\mathrm{S}}$$

tenuto conto delle (10) e con alcune facili riduzioni si ottiene:

$$(20) \qquad \operatorname{tg}^4\varphi-\left(\frac{\mathrm{S}}{\mathrm{R}}+\frac{\mathrm{S}}{\mathrm{R}^*}\right)\operatorname{tg}^3\varphi+\left(\frac{d\mathrm{S}}{d\sigma}-1\right)\operatorname{tg}^2\varphi+\left(\frac{\mathrm{S}^2}{\mathrm{R}^2}\cdot\frac{d\mathrm{R}}{d\sigma}-3\frac{\mathrm{S}}{\mathrm{R}}\right)\operatorname{tg}\varphi+ \\ +\frac{\mathrm{S}}{\mathrm{R}}\cdot\frac{\mathrm{S}}{\mathrm{R}^*}=0$$

---

[1]) Considerando cinque posizioni di Σ^* e intervalli finiti il Burmester (*Civil. Ingenieur.* Bd. XXII XXIII) ha così dimostrato l'esistenza di quattro punti, le cinque posizioni di ciascuno dei quali si trovano su di un circolo; e lo Schönflies (*Geom. der Bewegung)* estende la proprietà al movimento continuo.

Ma è soltanto col procedimento analitico di differenziazione della $r-r^*$ rispetto a σ, che si può giungere alla determinazione delle coppie principali, ed esaurire lo studio delle loro proprietà geometriche, mentre la trattazione del problema in termini finiti fatta dal Burmester nel suo pregevole lavoro, non può condurre che a costruzioni grafiche molto complicate e poco suscettibili di applicazioni alla Teoria dei meccanismi.

equazione di 4° grado in tg φ di cui le radici ci danno i quattro valori φ_1 φ_2 φ_3 φ_4 che individuano su Λ e Λ^* le quattro coppie principali incognite.

È dunque a priori evidente che la stessa equazione (20) deve ottenersi differenziando la equazione (12)* dal luogo Λ^*; ed infatti la (20) è una equazione di cui i coefficienti sono simmetrici rispetto agli elementi di Σ e Σ^*. Ciò è ovvio pei primi tre termini e pel termine noto, mentre pel quarto termine, è facile dimostrare, differenziando le (10) che:

$$\frac{S^2}{R^2}\cdot\frac{dR}{d\sigma}-3\frac{S}{R}=\frac{S^2}{R^{*2}}\cdot\frac{dR^*}{d\sigma}-3\frac{S}{R^*}$$

Considerando il movimento continuo della Σ^* possiamo anche enunciare:

Il luogo dei punti mobili principali nella Σ^* costituisce insieme alla polodia mobile l' inviluppo dei successivi luoghi Λ^* relativi ai successivi istanti del movimento, e lo denomineremo: *Luogo mobile della curvatura pseudo-stazionaria*, ovvero luogo Ψ^*.

Il luogo dei centri principali in Σ costituisce insieme alla polodia fissa l' inviluppo dei successivi luoghi Λ relativi ai successivi istanti del movimento, e lo denomineremo: *Luogo fisso della curvatura pseudo-stazionaria*, ovvero luogo Ψ.

È ora interessante di investigare le eventuali intersezioni di Ψ^* e Ψ coi luoghi delle ondulazioni e cuspidazioni rispettivamente.

Pseudo-ondulazione

Quando la (20), fosse soddisfatta da: tg $\varphi = -\frac{S}{R}$ uno dei punti mobili principali cadrebbe nella intersezione A_{00}^* di Λ^* col circolo dei flessi. La traiettoria di A_{00}^* avrebbe dunque colla sua tangente un contatto del 4° ordine, e cioè presenterebbe la singolarità che può concepirsi come derivante da tre flessi successivi infinitamente vicini, e che abbiamo denominato: (INTROD.) *Ondulazione di 3.° grado.*

Designeremo però questa singolarità anche col nome di: *pseudo-ondulazione* il quale sta ad indicare che

Pseudo-cuspidazione

Quando la (20) fosse soddisfatto da: tg $\varphi = -\frac{S}{R^*}$ uno dei centri principali cadrebbe nella intersezione A_{00} di Λ col circolo delle cuspidi. L'inviluppo di g_{00}^* presenterebbe quindi nel punto A_{00} la singolarità che può concepirsi come derivante da tre cuspidi successive infinitamente vicine, e che abbiamo denominato: (INTROD.) *Cuspidazione di 3.° ordine.*

Designeremo però questa singolarità anche col nome di *pseudo-cuspidazione* il quale sta ad indicare che il il punto di Σ^*, la cui traiettoria presenta la singolarità in parola deve riguardarsi come un punto di intersezione dal luogo mobile Ψ^* della curvatura pseudo-stazionaria col luogo mobile delle ondulazioni.

punto di Σ nel quale una retta di Σ^* inviluppa la singolarità in parola deve riguardarsi come un punto di intersezione del luogo fisso Ψ della curvatura pseudo-stazionaria col luogo fisso delle cuspidazioni.

Rispetto alla forma di queste singolarità ricordando quanto fu esposto nella Introd. possiamo enunciare:

La pseudo-ondulazione simula la forma di un flesso molto allungato il senso della curvatura dei suoi rami essendo dipendente dal segno di $\frac{d^4\phi}{d\sigma^4}$.

La pseudo-cuspidazione simula la forma di una cuspide molto breve la cui direzione (rispetto a un osservatore in Ω) dipende dal segno di $\frac{d^4 s'}{d\sigma^4}$.

Designeremo con $A_{000}{}^*$ e A_{000} i punti di pseudo-ondulazione, e pseudo-cuspidazione. La genesi di queste singolarità da tre flessi o da tre cuspidi coincidenti rispettivamente ci permette inoltre di enunciare:

Un punto di pseudo-ondulazione può riguardarsi come un punto di Σ^* pel quale passano tre successivi circoli dei flessi relativi a tre successivi movimenti infinitesimi.

Alla condizione analitica di pseudo ondulazione che si ottiene ponendo nella (20) $\operatorname{tg}\varphi = -\frac{S}{R}$, si deve dunque identicamente giungere differenziando due volte l'equazione del circolo dei flessi.

Questa condizione deve dunque potersi scrivere nella forma:

$$\operatorname{tg}\varphi + \frac{S}{R} = \frac{d}{d\sigma}\left(\operatorname{tg}\varphi + \frac{S}{R}\right) = 0$$

ciò che è facile verificare.

Un punto di pseudo cuspidazione può riguardarsi come un punto di Σ pel quale passano tre successivi circoli delle cuspidi, relativi a tre successivi movimenti infinitesimi.

Alla condizione analitica di pseudo cuspidazione che si ottiene ponendo nella (20) $\operatorname{tg}\varphi = -\frac{S}{R}$ si deve dunque identicamente giungere differenziando due volte l'equazione del circolo delle cuspidi.

Questa condizione deve dunque potersi scrivere nella forma:

$$\operatorname{tg}\varphi + \frac{S}{R^*} = \frac{d}{d\sigma}\left(\operatorname{tg}\varphi + \frac{S}{R^*}\right) = 0$$

Osserviamo infine che gli enunciati del § 6 relativi alla curvatura dei flessi ed al senso delle cuspidi pei due archi in cui $A_{000}{}^*$ e A_{000} dividono rispett. i circoli dei flessi e delle cuspidi, non sono menomamente infirmati dal fatto che abbia luogo pseudo-ondulazione o pseudo-cuspidazione.

Regione delle traiettorie a tre flessi.

Quando si verifichi pseudo-ondulazione di A_{000}^* possiamo dimostrare che esiste in vicinanza di esso una regione di punti mobili le cui traiettorie nel movimento continuo che precede e segue il movimento elementare considerato presentano tre flessi distinti e consecutivi.

Ed infatti poichè la pseudo-ondulazione di A_{000}^* simula una inflessione avranno i due rami di essa curvature di segno eguale a quelle dei flessi descritti da punti di G_0^* situati da una parte di A_{000}^*, e di segno contrario a quelle dei flessi descritti da punti situati dalla parte opposta.

Consideriamo ora uno di questi ultimi supponendolo molto vicino ad A_{000}^*; l'andamento generale della sua traiettoria differirà molto poco dalla pseudo-ondulazione di A_{000}^*, ma poichè i rami di questa traiettoria hanno inizialmente curvature di segno opposto a quelle dei rami della pseudo-ondulazione così dovranno essi nel movimento continuo precedente e susseguente, presentare due flessi di cui l'uno precede e l'altro segue il flesso che ha luogo nell'istante considerato.

Per ovvia legge di continuità deve inoltre la proprietà medesima competere anche ai punti di una regione finita adiacente, ciò che dimostra il precedente enunciato.

Questa regione si estende dunque lungo il circolo dei flessi ed in un solo senso a partire da A_{000}^*.

Regione degli inviluppi a tre cuspidi.

Correlativamente all' enunciato precedente se ha luogo pseudo-cuspidazione di g_{000}^* in A_{000} possiamo affermare che esiste una regione di Σ entro la quale rette di Σ^* nel movimento continuo precedente e susseguente l'istante considerato inviluppano curve che presentano tre cuspidi distinte e consecutive.

Questa regione si estende lungo il circolo delle cuspidi in un solo senso a partire da A_{000} ed è illustrata nella Fig. 27 ter, la quale mostra in qual modo lungo il circolo G_0 il senso delle cuspidi inviluppate (in un dato istante) cambi di segno in A_{000} attraverso una pseudo-cuspidazione.

È anche evidente che si può verificare il caso di contemporanea pseudo-ondulazione di A_{000}^* e pseudo-cuspidazione in A_{000}, e quindi dell'esistenza contemporanea di una regione di traiettorie a tre flessi, e di una di inviluppi a tre cuspidi (Vedi § seguente).

Saranno oggetto di ulteriori ricerche i casi di movimenti singolari nei quali tutti i punti di un circolo descrivono ondulazioni, ed uno fra essi una pseudo-ondulazione, ed i casi di movimenti elementari simmetrici rispetto a (y) pei quali il punto di ondulazione cade nel polo dei flessi e il punto di cuspidazione nel polo delle cuspidi e quindi:

se in tale ipotesi un punto mobile principale cade nel polo dei flessi, la singolarità che ivi ha luogo deve essere una ondulazione di 4.° grado, (quattro flessi coincidenti).

se in tale ipotesi un centro principale cade nel polo delle cuspidi, la singolarità che ivi ha luogo deve essere una cuspidazione di 4.° ordine, (quattro cuspidi coincidenti).

§ 10. Le coppie principali pel movimento di una biella

La equazione generale (20) ci permette una facilissima determinazione di due delle coppie principali quando le due rimanenti siano conosciute, ciò che ha luogo appunto quando il movimento di Σ^* sia determinato dalla biella di un meccanismo elementare $A_1\, A_1^*\, A_2\, A_2^*$.

In tale ipotesi infatti le coppie di perni $A_1\, A_1^*\, A_2\, A_2^*$ sono evidentemente due delle quattro coppie principali, e sono quindi noti due valori φ_1 e φ_2 che soddisfano la (20), la quale può conseguentemente venir abbassata al 2.° grado.

Si ha cioè, per note proprietà delle equazioni algebriche:

$$(21)\quad \begin{cases} \operatorname{tg}\varphi_1 + \operatorname{tg}\varphi_2 + \operatorname{tg}\varphi_3 + \operatorname{tg}\varphi_4 = \dfrac{S}{R} + \dfrac{S}{R^*} \\[2ex] \operatorname{tg}\varphi_1 . \operatorname{tg}\varphi_2 . \operatorname{tg}\varphi_3 . \operatorname{tg}\varphi_4 = \dfrac{S}{R} \cdot \dfrac{S}{R^*} \end{cases}$$

fondamentale sistema di relazioni la cui elegante semplicità risulterà maggiormente osservando che i rapporti $S : R$ e $S : R^*$ altro non sono che le tangenti trigonometriche degli angoli che gli assintoti di Λ^* e Λ formano con $(-x)$ ovvero degli angoli che le tangenti alle polodie dei flessi e delle cuspidi nei poli *attuali* Y_0 e Y_0^* formano con $(-y)$.

Note dunque le φ_1 e φ_2 saranno le φ_3 e φ_4 date dalle radici dell'equazione:

$$(22)\quad \operatorname{tg}^2\varphi - \operatorname{tg}\varphi\left(\frac{S}{R} + \frac{S}{R^*} - \operatorname{tg}\varphi_1 - \operatorname{tg}\varphi_2\right) + \frac{S}{R} \cdot \frac{S}{R^*}\cot\varphi_1 \cot\varphi_2 = 0$$

le quali possono anche costruirsi coi noti metodi del calcolo grafico.

La determinazione delle due coppie principali incognite esige dunque essenzialmente la conoscenza dei rapporti $S : R$ e $S : R^*$, e cioè delle direzioni degli assintoti di Λ e Λ^* ovvero dei punti di ondulazione e di cuspidazione.

Pella calcolazione di questi rapporti, anche senza ricorrere alle espressioni generali (15) e (16), si può procedere molto semplicemente determinando la S colla $(16)^{bis}$ nella forma

$$S = \frac{q}{\cos\varphi_1 \cos\varphi_2}$$

onde le equazioni generali delle cubiche (12) e (12)* ci danno immediatamente:

$$\frac{S}{R} = \frac{S \sin\varphi_1}{r_1} - \operatorname{tg}\varphi_1 = \frac{S \sin\varphi_2}{r_2} - \operatorname{tg}\varphi_2$$
$$\frac{S}{R^*} = \frac{S \sin\varphi_1}{r_1^*} - \operatorname{tg}\varphi_1 = \frac{S \sin\varphi_2}{r_2^*} - \operatorname{tg}\varphi_2$$

relazioni che si prestano anche a ovvie costruzioni grafiche.

Calcolati dunque colla (22) i valori di φ_3 e φ_4, le (12) e (12)* ci danno numericamente i valori di $r_3\ r_3^*$, $r_4\ r_4^*$ che individuano le coppie principali incognite.

È anche facile, mediante le relazioni precedenti discutere i casi nei quali i valori di φ_3 e φ_4 e quindi le coppie incognite sono coincidenti o imaginarie.

I sei punti O_{ij}.

Indicando con O_{ij} il punto d'incontro delle $A_i\ A_j$, $A_i^*\ A_j^*$ e con q_{ij} la sua distanza da Ω, la relazione $(16)^{bis}$.

$$q_{ij} = S \cos\varphi_i \cos\varphi_j$$

nonchè la Fig. 20, dimostrano che, noto il parametro S, il punto O_{ij} è dato dal piede della perpendicolare àbbassata da Ω sulla corda che i raggi $\mathbf{a}_i\ \mathbf{a}_j$ individuano sul circolo di diametro S (circolo osculatore di Λ e Λ^* in Ω).

Applicando questo enunciato alle quattro coppie principali [1] [2] [3] [4] è dunque facile concludere (Fig. 26) che se si costruiscano i quattro circoli di cui i diametri sono i quattro segmenti che il circolo di diametro S taglia sui raggi $\mathbf{a}_1\ \mathbf{a}_2\ \mathbf{a}_3\ \mathbf{a}_4$, le sei ulteriori intersezioni di questi quattro circoli ci danno i sei punti $O_{12}\ O_{13}\ O_{14}\ O_{23}\ O_{24}\ O_{34}$ relativi alle combinazioni di coppie [1] [2], [1] [3] etc.

Questo enunciato ci fornisce dunque una facile costruzione grafica delle coppie principali quando siano noti $\varphi_1\ \varphi_2\ \varphi_3\ \varphi_4$ e gli elementi di una delle coppie p. e. A_1 A_1^*, costruzione grafica di ovvia applicazione nella ricerca delle coppie principali nel movimento di una biella.

È chiaro inoltre dalla Fig. 26 che i sei punti O_{ij} sono sei centri di proiezione rispetto ai quali le quattre coppie di punteggiate proiettive sovrapposte A_i A_j^* situate sulle $\mathfrak{a}_1$ $\mathfrak{a}_2$ $\mathfrak{a}_3$ $\mathfrak{a}_4$ possono riguardarsi come prospettive fra loro, e quindi esistono su questi quattro raggi infinite quaderne di coppie di punti e centri corrispondenti nella legge di curvatura le quali sono allineate coi sei punti O_{ij} come lo sono le quattro coppie principali.

Fra queste infinite quaderne però una soltanto può considerarsi come quaderna principale in una legge di movimento di cui sia nota la direzione degli assi (x) (y) poiche date φ_1 φ_2 φ_3 φ_4 i parametri della curvatura stazionaria risultano determinati. Ed infatti in tale ipotesi le (21) forniscono una equazione di 2° grado per calcolare i rapporti $\mathrm{S} : \mathrm{R}$ e $\mathrm{S} : \mathrm{R}^*$, e quindi:

$$\mathrm{S} = \rho_0\left(\frac{\mathrm{S}}{\mathrm{R}^*} - \frac{\mathrm{S}}{\mathrm{R}}\right) \qquad \mathrm{R}^* = \rho_0\left(1 - \frac{\mathrm{R}^*}{\mathrm{R}}\right) \qquad -\mathrm{R} = \rho_0\left(1 - \frac{\mathrm{R}}{\mathrm{R}^*}\right)$$

Pseudo-ondulazione e Pseudo-cuspidazione

Come abbiamo veduto nel § precedente,

affinche la traiettoria di A_{000}^* presenti la singolarità della pseudo-ondulazione secondo $\mathfrak{g}_{000}$ deve la (22) essere soddisfatta dal valore: $\operatorname{tg}\varphi = -\mathrm{S} : \mathrm{R}$ ciò che conduce alla equazione di condizione:

$$\operatorname{tg}\varphi_1 + \operatorname{tg}\varphi_2 - \frac{\mathrm{S}}{\mathrm{R}^*}\left(1 + \cot\varphi_1 \cot\varphi_2\right) = 2\frac{\mathrm{S}}{\mathrm{R}} \qquad (23)$$

Se dunque sono dati i luoghi Λ e Λ^* esiste una semplice infinità di quadrilateri articolati, ed un unico meccanismo del glifo-manovella, i quali sono capaci di imprimere alla biella Σ^* un movimento tale che il punto A_{000}^* descriva una traiettoria in pseudo-ondulazione, e i punti di una regione adiacente descrivano traiettorie che presentano tre flessi distinti e consecutivi.

affinchè la singolarità inviluppato da $\mathfrak{g}_{000}^*$ in A_{000} sia una pseudo-cuspidazione, deve la (22) essere soddisfatta del valore: $\operatorname{tg}\varphi = -\mathrm{S} : \mathrm{R}^*$ ciò che conduce alla equazione di condizione:

$$\operatorname{tg}\varphi_1 + \operatorname{tg}\varphi_2 - \frac{\mathrm{S}}{\mathrm{R}}\left(1 + \cot\varphi_1 \cot\varphi_2\right) = 2\frac{\mathrm{S}}{\mathrm{R}^*} \qquad (23^*)$$

Se dunque sono dati i luoghi Λ e Λ^* esiste una semplice infinità di quadrilateri articolati, ed un unico meccanismo della manovella di spinta, i quali sono capaci di imprimere alla biella Σ^* un movimento tale che la retta $\mathfrak{g}_{000}^*$ inviluppi una pseudo-cuspidazione in A_{000}, e rette ad essa adiacenti inviluppino curve che presentano tre cuspidi distinte e consecutive.

Se infine vogliamo che abbiano luogo contemporaneamente le due singolarità, saranno i valori di φ_1 e φ_2 univocamente determinati da:

$$\operatorname{tg}^2\varphi - 2\left(\frac{S}{R} + \frac{S}{R^*}\right)\operatorname{tg}\varphi + 1 = 0$$

ed è possibile di costruire un simile meccanismo quando le radici di questa equazione siano reali e distinte, e cioè quando sia:

$$\frac{S}{R} + \frac{S}{R^*} > 1.$$

CAPITOLO IV.

DEGENERAZIONI CIRCOLARI DEI LUOGHI Λ Λ^*.

§ 11. Osservazioni generali

I casi di degenerazione di uno o di entrambi i luoghi della curvatura stazionaria in circoli e rette non presentano soltanto un notevole interesse teoretico, ma sono di grandissima importanza nelle applicazioni alla cinematica dei meccanismi elementari.

Ed infatti poichè i luoghi Λ e Λ^* sono, come abbiamo veduto, luoghi dei perni di meccanismi che realizzano determinati movimenti elementari, è chiaro che il problema costruttivo di individuare simili meccanismi in modo da soddisfare a certe condizioni si riduce a quello di individuare delle cubiche che soddisfino a certe condizioni; ma le soluzioni di simili problemi sono in generale complicatissime e poco suscettibili di pratiche applicazioni.

Queste soluzioni si rendono invece estremamente semplici tanto da ridursi a un elementarissimo graficismo, quando, come vedremo, le cubiche di cui si tratta siano degenerate in circoli e rette, ed analoga osservazione vale pelle coppie principali, come sarà dimostrato nel corso della trattazione.

La degenerazione dei luoghi della curvatura stazionaria in circoli e rette ha luogo quando uno o più di uno dei parametri R R^* S sia di grandezza infinita, e si annulli quindi uno o più di uno dei coefficienti (inverse dei parametri) delle equazioni generali (12) e $(12)^*$ dei luoghi medesimi e sia cioè:

$$\frac{1}{S} = 0 \quad \text{ovvero:} \quad \frac{1}{R} = 0, \quad \text{ovvero:} \quad \frac{1}{R^*} = 0$$

intorno alle quali condizioni è opportuno premettere alcune considerazioni.

Tenuto conto delle (10) è facile constatare che la condizione $\frac{1}{S} = 0$ può verificarsi soltanto quando sia $\frac{d\rho_0}{d\sigma} = 0$, la quale esprime che ρ_0 è massimo o minimo oppure costante.

È invece da escludere che ciò possa verificarsi per $\frac{1}{\rho_0} = 0$ e cioè $\rho_0 = \infty$ la quale condizione esige che sia $\rho = \rho^*$ ed implica stazionarietà nel movimento di Σ^*, come abbiamo osservato nel § 1. Ed infatti si ha in generale:

$$\frac{1}{S} = \frac{1}{3} \cdot \frac{1}{\rho_0} \cdot \frac{d\rho_0}{d\sigma} = \frac{1}{3}\left(\frac{\rho_0}{\rho^{*2}} \cdot \frac{d\rho^*}{d\sigma} - \frac{\rho_0}{\rho^2} \cdot \frac{d\rho}{d\sigma}\right)$$

e quindi nella ipotesi che sia: $\rho = \rho^*$ e cioè $\rho_0 = \infty$ la relazione precedente mostra che si avrebbe $\frac{1}{S} = \infty$ e quindi $S = 0$ purchè ρ e ρ^* siano di grandezza finita.

Riservandoci dunque di discutere ulteriormente questo caso, ed in generale i casi di movimento stazionario nel Cap. V, possiamo intanto concludere che, se ρ_0 non è infinitamente grande e Ω si trova a distanza finita la condizione $\frac{1}{S} = 0$ equivale alla $\frac{d\rho_0}{d\sigma} = 0$ ed esprime soltanto che ρ_0 è massimo o minimo (oppure costante).

Ciò può verificarsi quando ρ e ρ^* sono entrambi massimi o minimi (ovvero costanti) e cioè quando sia:

$$\frac{d\rho}{d\sigma} = \frac{d\rho^*}{d\sigma} = 0$$

ovvero quando le variazioni di ρ e ρ^* stanno fra loro come ρ^2 e ρ^{*2}.

Il movimento elementare è in tale ipotesi caratterizzato dalla condizione (V. § 6):

$$\frac{d^2\omega}{d\sigma^2} = 0$$

la quale esprime che la velocità angolare di Σ^* (riferita a σ come variabile) è massima o minima (oppure costante) mentre la legge di variazione della curvatura è simmetrica rispetto all'asse (y), e cioè per due punti simmetrici rispetto a (y) la funzione $\frac{d}{d\sigma}(r - r^*)$ ha valori eguali e di segno contrario, ciò che risulta facilmente dalle (11) § 5.

Quanto all' annullamento di uno degli altri due coefficienti, esso ha un ovvio significato e cioè:

la condizione $\frac{1}{R} = 0$ esprime che deve essere: $\rho = 2\,\rho^*$

» » $\frac{1}{R^*} = 0$ » » » » : $\rho^* = 2\,\rho$

come si ricava facilmente dalle (17) (§ 5).

Le due polodie hanno dunque, in tale ipotesi, curvature rivolte nello stesso senso, essendo il raggio di curvatura della polodia mobile la metà ovvero il doppio del raggio di curvatura della polodia fissa (condizioni ovviamente correlative).

Definito così il senso dell'annullamento di ciascuno dei coefficienti o parametri dei luoghi della curvatura stazionaria, procediamo ad investigarne i diversi modi di degenerazione i quali si verificano quando abbia luogo annullamento di uno o più di uno dei coefficienti medesimi. Questi *Modi di degenerazione* non possono essere che i cinque elencati nella seguente Tabella:

I. *Modo* per $\frac{1}{S} = 0$

II. *Modo* per: $\frac{1}{S} = \frac{1}{R} = 0$, II.(*) *Modo* per: $\frac{1}{S} = \frac{1}{R^*} = 0$

III. *Modo* per: $\frac{1}{R} = 0$, III.(*) *Modo* per: $\frac{1}{R^*} = 0$

dei quali il II e II(*) e così pure il III e III(*) sono dualisticamente correlativi.

Di ciascuno di essi faremo separata trattazione discutendo specialmente la ubicazioue delle coppie principali, argomento di capitale importanza nelle applicazioni alla cinematica dei meccanismi.

In questa discussione seguiremo il metodo iniziato nel § 10, e cioè investigate le relazioni fondamentali che legano le coppie principali in ciascnn modo di degenerazione, supporremo che il movimento risulti determinato dalla conoscenza di due delle coppie medesime, le quali si devono pensare assunte come perni di un meccanismo elementare la cui biella comanda il movimento della figura Σ^*. Diremo anzi *coppie di perni* le due coppie principali note che determinano il movimento.

Investigheremo adunque quali diversi casi si possono presentare quando, scelte due delle coppie a funzionare da perni si vogliano determinare le due rimanenti coppie incognite, e quali serie di meccanismi elementari vengano così ad essere individuate dipendentemente sia dai *Modi* di degenerazione sia dalla scelta delle coppie di perni.

Fermeremo specialmente l'attenzione sulle condizioni di ubicazione delle coppie di perni pelle quali il punto mobile di una delle coppie incognite cade nel punto A_{00}^* ovvero il suo centro fisso nel punto A_{00}, in modo che il movimento di Σ^* realizza in detti punti le singolarità della pseudo-ondulazione o della pseudo-cuspidazione rispettivamente.

Fra le singolarità di curvatura stazionaria saranno altresì da notare quelle che hanno la loro sede nel centro istantaneo Ω, e che si verificano quando la equazione generale (20) (v. § 9) è soddisfatta da $\varphi = 0$ onde una delle coppie principali è situata su (x), ed uno dei suoi elementi cade necessariamente in Ω. Se questo dunque è l'elemento mobile avremo necessariamente singolarità di curvatura stazionaria nella traiettoria di Ω^*, ed è qui opportuno notare che questa singolarità *è sempre di ordine eguale all'unità*. Ed infatti si ha facilmente dalla (4) per la traiettoria di un punto qualunque di Σ^*:

$$\frac{ds}{d\sigma} = \frac{r^*}{\rho_0} \qquad \frac{d^2s}{d\sigma^2} = \frac{1}{\rho_0}\left(\cos\varphi - 3\cdot\frac{r^*}{S}\right)$$

e quindi pella traiettoria di Ω^* posto $r^* = 0$ $\varphi = 0$.

$$\frac{ds}{d\sigma} = 0 \qquad \frac{d^2s}{d\sigma^2} = \frac{1}{\rho_0}\ .$$

la seconda delle quali, oltre darci una nuova rimarchevole interpretazione del parametro ρ_0, ci conferma il precedente enunciato.

Le singolarità di curvatura stazionaria che può presentare la traiettoria di Ω^* non possono dunque essere che quelle risultanti da una cuspide e da più flessi coincidenti (V. Introd.) e cioè la *Falcata*, la *Ipercuspide* e la *Iperfalcata*.

§ 12. I Modo di degenerazione.

Serie di meccanismi $I_{(GG)}$ $I_{(Gy)}$ $I_{(yy)}$

Quando sia $S = \infty$ mentre R ed R^* sono di grandezza finita, le (12) e (12)* diventano:

$$r = R \sin\varphi \qquad r^* = R^* \sin\varphi$$

equazioni di due circoli corrispondenti tangenti in Ω all' asse (x) che diremo eventualmente G_u e G_u^*. Poichè inoltre le (12) e (12)* sono in tale ipotesi sempre soddisfatte da $\varphi = 90^o$ così possiamo enunciare: (V. Fig. 28).

Nel Modo I *la cubica Λ si scinde nel circolo G_u e nell'asse (y) concepito come luogo di centri fissi; e la cubica Λ^* si scinde nel circolo G_u^* e nell'asse (y) concepito come (y)* e cioè come luogo di punti mobili.*

Questo *Modo* di degenerazione di entrambi i luoghi Λ e Λ^* si verifica, oltre che pei massimi e minimi di ρ_0, anche quando ρ e ρ^* sono costanti nella quale ipotesi se ne possono dedurre le proprietà di curvatura stazionaria delle curve cicliche [1]).

[1]) Le quali possiamo riassumere:
Se il movimento di Σ^* è definito dal rotolamento di un circolo di raggio ρ^* su un circolo fisso di raggio ρ esiste in ogni istante una semplice infinità di punti di Σ^* i

Il punto di ondulazione A_{00}^* coincide col polo dei flessi, ed il punto di cuspidazione A_{00} col polo delle cuspidi.

Quanto alle coppie principali, possiamo dimostrare che due di esse almeno, devono necessariamente essere situate sull'asse (y).

Supponendo infatti scelte ad arbitrio le coppie di indici 1,2 che indicheremo con [1], [2] sui cerchi della curvatura stazionaria G_x G_x^*, e cioè fissati per φ_1 e φ_2 due valori diversi da 0^0 e da 90^0, è facile concludere dalle (21) (§ 10) che al crescere indefinito di S anche i valori di $\operatorname{tg}\varphi_3$ e $\operatorname{tg}\varphi_4$ crescono indefinitamente, onde al limite la (22) è soddisfatta dall'unico valore:

$$\operatorname{tg}\varphi = \infty \quad \text{e cioè} \quad \varphi = 90^{\circ}.$$

Ma con ciò è esaurito il suo significato, ed essa non può ulteriormente dar luce intorno alla posizione delle coppie situate sull'asse (y).

Per tale determinazione parrebbe quindi necessario ricorrere alla equazione generale (20) e costruire le espressioni dei coefficienti differenziali di R R* S rispetto a σ differenziando le (15) e (16).

Con procedimento più semplice potrebbesi anche differenziare direttamente una delle equazioni delle cubiche (14) o (14)*, ciò che pella simmetria ciclica degli indici non offre alcuna difficoltà.

Ma tale investigazione, ad ogni modo prolissa, può evitarsi con un opportuno impiego dalle (21) mediante un artificio, di cui faremo anche nei casi successivi estese applicazioni.

Ed infatti dividendo la prima di esse per S, e la seconda per $S^2 \operatorname{tg}\varphi_1 \operatorname{tg}\varphi_2$, posto inoltre:

$$\operatorname{tg}\varphi_3 = \operatorname{tg}\varphi_4 = \infty \qquad S = \infty$$

e considerando i valori limiti dei termini che si presentano di forma indeterminata, esse devono scriversi:

$$\text{Lim.}\frac{\operatorname{tg}\varphi_3}{S} + \text{Lim.}\frac{\operatorname{tg}\varphi_4}{S} = \frac{1}{R} + \frac{1}{R^*}$$

$$\text{Lim.}\frac{\operatorname{tg}\varphi_3}{S}\cdot\frac{\operatorname{tg}\varphi_4}{S} = \frac{\cot\varphi_1 \cot\varphi_2}{R\,R^*}$$

Ma poichè φ_1 e φ_2 sono per dato diversi da 0° e da 90° si ha:

$$\frac{\sin\varphi_1}{r_1} = \frac{\sin\varphi_2}{r_2} = \frac{1}{R}$$

quali descrivono traiettorie a curvatura stazionaria, e sono situati su un circolo di diametro R* tangente ai circoli rotolanti, e sulla normale comune ai circoli medesimi.

I centri di curvatura di queste traiettorie sono rispettivamente situati su un circolo di diametro R tangente ai circoli rotolanti e sulla normale comune ai circoli medesimi. Le R* e R sono date dalle (10) in funzione delle ρ e ρ^*.

onde applicando la (15) p. e. alle coppie [2] [3]:

$$\text{Lim.}\ \frac{\operatorname{tg}\varphi_3}{S} = \text{Lim.}\ \frac{\operatorname{tg}\varphi_3\ \cdot}{\operatorname{tg}\varphi_3 - \operatorname{tg}\varphi_2}\left(\frac{\sin\varphi_3}{r_3} - \frac{\sin\varphi_2}{r_2}\right) = \frac{1}{r_3} - \frac{1}{R} = \frac{1}{r_3^*} - \frac{1}{R^*}$$

ed analogamente:

$$\text{Lim.}\ \frac{\operatorname{tg}\varphi_4}{S} = \frac{1}{r_4} - \frac{1}{R} = \frac{1}{r_4^*} - \frac{1}{R^*}$$

colle quali le due precedenti diventano:

$$\frac{1}{R} + \frac{1}{R^*} = \left(\frac{1}{r_3} - \frac{1}{R}\right) + \left(\frac{1}{r_4} - \frac{1}{R}\right) = \left(\frac{1}{r_3^*} - \frac{1}{R^*}\right) + \left(\frac{1}{r_4^*} - \frac{1}{R^*}\right) \tag{24}$$

$$\frac{\cot\varphi_1\ \cot\varphi_2}{R\ R^*} = \left(\frac{1}{r_3} - \frac{1}{R}\right) \times \left(\frac{1}{r_4} - \frac{1}{R}\right) = \left(\frac{1}{r_3^*} - \frac{1}{R^*}\right) \times \left(\frac{1}{r_4^*} - \frac{1}{R^*}\right) \tag{25}$$

relazioni caratteristiche della ubicazione delle coppie principali in questo modo di degenerazione. È altresì opportuno scrivere le (24) e 25) nella forma:

$$(24)^{\text{bis}}\quad \begin{cases} \dfrac{1}{r_3} + \dfrac{1}{r_4} = \dfrac{3}{R} + \dfrac{1}{R^*} \\[2ex] \dfrac{1}{r_3^*} + \dfrac{1}{r_4^*} = \dfrac{3}{R^*} + \dfrac{1}{R} \end{cases} \qquad (25)^{\text{bis}}\quad \begin{cases} \dfrac{1}{r_3} \cdot \dfrac{1}{r_4} = \dfrac{2}{R^2} + \dfrac{1 + \cot\varphi_1 \cot\varphi_2}{R\ R^*} \\[2ex] \dfrac{1}{r_3^*} \cdot \dfrac{1}{r_4^*} = \dfrac{2}{R^{*2}} + \dfrac{1 + \cot\varphi_1 \cot\varphi_2}{R\ R^*} \end{cases}$$

Supposti dunque noti i luoghi degenerati della curvatura stazionaria, e cioè note le $R\ R^*$, veniamo ora a discutere i diversi casi di scelta arbitraria delle due coppie principali che imaginiamo assunte come coppie di perni del meccanismo elementare.

Rispetto a questa scelta arbitraria, osserviamo anzitutto che, se R ed R^* sono come abbiamo supposto, di grandezza finita, nessuna coppia principale può essere situata su (x) onde non sarebbe lecito scegliere ad arbitrio $\varphi_1 = 0$ ciò che è palese considerando le $(24)^{\text{bis}}$ e $(25)^{\text{bis}}$. Se ne conclude altresì che in questo modo di degenerazione (e per le bielle dei meccanismi elementari che lo realizzano), la traiettoria di Ω^* è una cuspide ordinaria come nel caso generale.

Tre diversi casi si possono dunque presentare nella scelta arbitraria delle due coppie note o coppie di perni, e cioè possono essere date:

1) *le due coppie situate sui circoli* [1] [2] ciò che dà luogo a una serie di meccanismi due volte infinita che diremo; *Serie* $I_{(GG)}$ (Fig. 31).

2) *una coppia sui circoli ed una su* (y), p. e. [1] [3] ciò che dà parimenti luogo a una serie di meccanismi due volte infinita che diremo: *Serie* $I_{(Gy)}$ (Fig. 32).

3) *le due coppie situate sull' asse* (y) [3] [4] ciò che dà luogo a una serie di meccanismi semplicemente infinita che diremo: *Serie* $I_{(yy)}$ (Figura 33).

I simboli che designano ciascuna serie saranno anche nei casi successivi, scelti sempre in maniera da esprimere, od almeno accennare la ubicazione delle coppie scelte a funzionare da perni.

Serie $I_{(GG)}$ (Fig. 31).

I meccanismi di questa serie sono esclusivamente i quadrilateri articolati di cui la biella $A_1^* A_2^*$ è parallela alla linea dei perni fissi A_1 A_2, onde O si trova a distanza infinita, e possono avere le tre configurazioni della Fig. 31:

a manovelle convergenti (Regione (+))
a manovelle incrociate
a manovelle divergenti (Regione (—)).

Possiamo anche denominare queste *le configurazioni circolari di 1ª specie.*

Dato dunque un simile quadrilatero la determinazione degli assi e dei luoghi della curvatura stazionaria si fa col semplice tracciamento di un circolo di cui sono noti tre punti.

Note φ_1 e φ_2 le coppie principali [3] [4] situate su (y) e cioè le r_3 r_4, r_3^* r_4^*, sono pelle $(24)^{bis}$ e $(25)^{bis}$ determinate dalle radici delle:

$$(26)\qquad \begin{aligned} &\frac{1}{r^2}-\frac{1}{r}\left(\frac{3}{R}+\frac{1}{R^*}\right)+\frac{2}{R^2}+\frac{1+\cot\varphi_1\cot\varphi_2}{R\,R^*}=0 \\ &\frac{1}{r^{*2}}-\frac{1}{r^*}\left(\frac{3}{R^*}+\frac{1}{R}\right)+\frac{2}{R^{*2}}+\frac{1+\cot\varphi_1\cot\varphi_2}{R\,R^*}=0 \end{aligned}$$

equazioni correlative che si trasformano facilmente l'una nell'altra.

Secondo quanto fu detto innanzi si può anche constatare che le (26) si ottengono differenziando le (14) e (14)* tenuto conto delle (9) e ponendo nel risultato $\varphi = 90^0$. Ed infatti l' investigare, come precedentemente, i valori limiti di quantità che si presentano di forma indeterminata nelle (22) è in realtà una operazione che equivale a differenziare le equazioni dei luoghi della curvatura stazionaria rispetto a σ, e cioè a considerare ulteriori movimenti infinitesimi della Σ^*.

Osserviamo in fine che le radici delle (26) sono reali e distinte, coincidenti, o imaginarie secondo che:

$$(27)\qquad (R+R^*)^2 \gtreqless 4\,R\,R^*\cdot\cot\varphi_1\cdot\cot\varphi_2$$

$$(28)\quad \left\{ \begin{array}{l} \frac{1}{r_3} \quad \frac{1}{r_4} \quad \frac{3}{2}\frac{1}{R} - \frac{1}{2}\frac{1}{R^*} = \frac{1}{2}\left(\frac{1}{\rho} - \frac{1}{R}\right) \\ \frac{1}{r_3^*} \quad \frac{1}{r_4^*} \quad \frac{3}{2}\frac{1}{R^*} - \frac{1}{2}\frac{1}{R} = \frac{1}{2}\left(\frac{1}{\rho^*} - \frac{1}{R^*}\right) \end{array} \right.$$

e quindi effettivamente le coppie principali si ridurrebbero a tre soltanto di cui due situate sui cerchi ed una su y.

Vedremo poi innanzi che la riduzione a tre del numero delle coppie principali può anche verificarsi quando due di esse sono su y ed una soltanto sui cerchi. La coppia isolata sui cerchi non può però mai considerarsi come doppia.

Poichè inoltre il 1° membro della disuguaglianza (27) è sempre positivo, così saranno le radici delle (26) sempre reali e distinte se:

1.° essendo R ed R^* dello stesso segno gli angoli φ_1 e φ_2 siano l'uno maggiore e l'altro minore di 90°;

2.° essendo R ed R^* di segno opposto gli angoli φ_1 e φ_2 siano entrambi maggiori o minori di 90°.

Pseudo-ondulazione

Affinchè il punto mobile che cade nel polo dei flessi sia un punto principale deve la 1ª (26) essere soddisfatta da $r = \infty$ ovvero la 2ª da $r^* = \rho_0$, ciò che conduce alla condizione:

$$(29)\quad \cot\varphi_1 \cot\varphi_2 + 2\frac{R^*}{R} + 1 = 0$$

verificandosi la quale ha luogo pseudo-ondulazione nel polo dei flessi.

Pseudo-cuspidazione

Affinchè il polo delle cuspidi sia un centro principale deve la 1ª (26) essere soddisfatta da $r = -\rho_0$ ovvero la 2ª da $r^* = \infty$ ciò che conduce alla condizione:

$$(29)^*\quad \cot\varphi_1 \cot\varphi_2 + 2\frac{R}{R^*} + 1 = 0$$

verificandosi la quale ha luogo pseudo-cuspidazione nel polo delle cuspidi.

Queste due singolarità non possono verificarsi contemporaneamente per uno stesso meccanismo.

Doppia-ondulazione

Se inoltre poniamo nella (29)

$$\varphi_1 = 180^\circ - \varphi_2$$

la traiettoria del punto mobile che cade nel polo dei flessi diventa simmetrica rispetto a (y), e deve quindi avere colla sua tangente un contatto di ordine dispari superiore al 4°, e cioè almeno del 5° ordine.

Doppia-cuspidazione

Se inoltre poniamo nella (29)*

$$\varphi_1 = 180^\circ - \varphi_2$$

la inviluppata dalla perpendicolare a (y) nel polo delle cuspidi, diventa simmetrica rispetto a (y) e presenta la singolarità correlativa dalla ondulazione di 4° grado, e cioè la cuspidazione del 4° ordine (quattro cu-

Questa traiettoria presenta quindi la singolarità della ondulazione di 4° grado (quattro flessi coincidenti, o sei punti successivi in linea retta) che diremo *doppia ondulazione*. Affinchè ciò abbia luogo deve dunque essere:

(30) $$\cot \varphi_1 = \sqrt{2\frac{R^*}{R}+1}$$

spidi coincidenti, ovvero sei tangenti successive passanti per un punto), che diremo *doppia-cuspidazione*. Affinchè ciò abbia luogo, deve dunque essere:

(30)* $$\cot \varphi_1 = \sqrt{2\frac{R}{R^*}+1}$$

Se quindi R ed R^* sono del medesimo segno si possono *sempre* e facilmente individuare dei quadrilateri articolati le cui bielle realizzino simili movimenti.

Noi non possiamo però dimostrare in modo elementare che nell' un caso esistano nella figura Σ^* regioni di punti le cui traiettorie presentano quattro flessi distinti, e nell' altro caso esistano nel piano Σ regioni di inviluppi a quattro cuspidi; ma possiamo dimostrare che *simili regioni esistono quando si assumano per* φ_1 *valori leggermente diversi di quelli forniti dalla* (30) o (30)* *rispettivamente.*

Considerando infatti il caso di doppia ondulazione è noto (V. Introd.) che la traiettoria del punto mobile che cade nel polo dei flessi deve soddisfare le:

$$\frac{d\psi}{d\sigma}=\frac{d^2\psi}{d\sigma^2}=\frac{d^3\psi}{d\sigma^3}=\frac{d^4\psi}{d\sigma^4}=0$$

ed il senso dei suoi due rami simmetrici rispetto a (y) dipende dal segno di

$$\frac{d^5\psi}{d\sigma^5}$$

Se noi assumiamo invece per φ_1 un valore un po' diverso dal valore fornito dalla (30), avrà bensì luogo ondulazione nel polo dei flessi e sarà:

$$\frac{d\psi}{d\sigma}=\frac{d^2\psi}{d\sigma^2}=0$$

mentre $\frac{d^3\psi}{d\sigma^3}$ e $\frac{d^4\psi}{d\sigma^4}$ saranno diverse da zero ed il loro segno dipenderà dal segno della variazione $\delta\varphi_1$ data a φ_1. Ora noi possiamo evidentemente scegliere $\delta\varphi_1$ abbastanza piccolo perchè $\frac{d^5\psi}{d\sigma^5}$ mantenga il suo segno iniziale, e sceglierlo di segno tale che $\frac{d^3\psi}{d\sigma^3}$ sia di segno contrario a $\frac{d^5\psi}{d\sigma^5}$.

La nuova traiettoria del punto mobile che cade nel polo dei flessi dovrà dunque in tale ipotesi presentare una ondulazione fiancheggiata da due flessi, ed è allora facile di persuadersi che in prossimità del punto mobile, dal lato della concavità dei rami della ondulazione, esiste una regione di Σ^* i cui punti descrivono traiettorie che presentano quattro flessi distinti e consecutivi.

(Questo modo di scindere la ondulazione di 4° grado in quattro flessi è illustrato nelle Fig. 78 e 79. — Vedi Cap. VII).

Serie $I_{(Oy)}$ (Fig. 32)

In questo caso sono scelte a funzionare da perni una delle coppie situate sui circoli p. e. la [1] ed una delle coppie situate su (y) p. e. la [3], onde rientrano evidentemente in queste serie tutti i meccanismi *di cui una coppia di perni è situata su (y), l' altra essendo comunque disposta.*

Condizione necessaria e sufficiente perchè un dato meccanismo appartenga ad una di queste serie si è dunque (§ 4) che la $O\Omega$ sia perpendicolare a una delle manovelle (Fig. 32) nella quale ipotesi l'altra manovella si trova su (y).

I due perni della manovella perpendicolare a $O\Omega$ determinano i cerchi corrispondenti che sono insieme a (y) luoghi della curvatura stazionaria.

Dati gli assi e i valori R ed R^*, la corrispondente serie $I_{(Oy)}$ comprende adunque:

a) una doppia infinità di quadrilateri articolati che possono avere le nove configurazioni della Fig. 32.

b) una semplice infinità di manovelle di spinta a tre configurazioni di cui una è rappresentata nella Fig. 32_A (testa a croce nel polo dei flessi).

c) una semplice infinità di glifi-manovelle a tre configurazioni di cui una è rappresentata sulla Fig. 32_B (perno del glifo nel polo delle cuspidi).

Dato dunque uno di questi meccanismi e cioè note le coppie [1] [3] le due coppie incognite [2] [4] sono sempre reali, ed infatti le (24) e (25) danno sempre valori reali pelle r_4 r_4^* φ_2 quando siano note le r_3 r_3^* φ_1.

Se inoltre la [3] è scelta in modo che sia: $r_3 = R \qquad r_3^* = R^*$
le (24) danno: $r_4 = \rho \qquad r_4^* = \rho^*$
mentre dalla (25) si ricava: $\varphi_2 = 90°$

e cioè la coppia [2] coincide colla [3] nelle intersezioni dell' asse (y) coi circoli della curvatura stazionaria, *le quali devono infatti riguardarsi come punti doppi delle cubiche degenerate.*

Pseudo-ondulazione

Se la coppia [3] è scelta in modo che sia

$$(31)\qquad \frac{1}{r_3}=\frac{1}{R}+\frac{1}{R^*}$$

$$\frac{1}{r_3^*}=2\left(\frac{1}{R}+\frac{1}{R^*}\right)$$

la (24) ci dà:

$$r_4=\infty \qquad r_4^*=\rho_0$$

e quindi il punto principale A_4^* cade sul polo dei flessi, onde la sua traiettoria presenta la singolarità della pseudo-ondulazione secondo la perpendicolare all'asse (y), qualunque sia il valore di φ_1.

Pseudo-cuspidazione

Se la coppia [3] è scelta in modo che sia:

$$(31)^*\qquad \frac{1}{r_3^*}=\frac{1}{R^*}+\frac{1}{R}$$

$$\frac{1}{r_3}=2\left(\frac{1}{R}+\frac{1}{R^*}\right)$$

la (24) ci dà:

$$r_4^*=\infty \qquad r_4=-\rho_0$$

e quindi il centro principale A_4 cade sul polo delle cuspidi, e quindi la perpendicolare all'asse (y) vi inviluppa la singolarità della pseudo-cuspidazione, qualunque sia il valore di φ_1.

Queste due singolarità non possono aver luogo contemporaneamente per uno stesso meccanismo.

Serie $I_{(yy)}$ (Fig. 33)

Ed infine se sono date le coppie [3] [4] situate su (y), siamo nel caso della configurazione *di punto morto*, di cui già abbiamo discorso nel § 8 trattando dei luoghi della curvatura stazionaria. È infatti a notare che le (24) coincidono identicamente colle $(18)^{bis}$ del § 8 (salvo una ovvia sostituzione di indici) ed è naturale che ciò abbia luogo, perchè qualunque metodo di investigazione deve condurre a queste medesime relazioni fondamentali che legano le *coppie di punto morto* coi parametri R R*.

Se dunque sono date le R R*, e cioè i circoli di curvatura stazionaria le coppie [3] e [4] non si possono scegliere ad arbitrio ma devono essere tali da soddisfare le (24), onde (a differenza dei due casi precedenti) una sola delle coppie di punto morto può riguardarsi come arbitraria.

Considerando le coppie di punto morto come perni di un meccanismo elementare la Serie di meccanismi corrispondente a dati valori di R e R* è dunque semplicemente infinita, e comprende in generale:

a) Una semplice infinità di quadrilateri articolati che possono avere alcune fra (ma non tutte) [1]) le configurazioni rappresentate nella Fig. 33.

b) Un unico meccanismo della manovella di spinta, di cui la testacroce cade nel polo dei flessi (V. p. e. Fig. 33_A);

c) Un unico meccanismo del glifo-manovella di cui il perno fisso del glifo cade nel polo delle cuspidi (V. p. e. Fig. 33_B);

---

[1]) E chiaro p. e. che se le R e R* sono entrambe positive le r_3 ed r_4 non possono essere entrambe positive etc. etc.

mentre il meccanismo del glifo-testacroce in configurazione di punto morto (Fig. 33_c), non si incontra che nella serie pella quale $R^* = -R = 2\rho_0$.

Dato dunque un meccanismo in configurazione di punto morto le (24) individuano le R ed R^* e cioè i circoli della curvatura stazionaria mentre le (25) servono a individuare le coppie principali incognite [1] [2] situate sui circoli medesimi.

Per questa determinazione osserviamo che le coppie [1] [2] devono, se sono reali, essere simmetricamente disposte rispetto all'asse (y) perchè il movimento elementare determinato dalle coppie di punto morto [3] [4] è affatto simmetrico rispetto all' asse medesimo, e quindi deve essere $\varphi_1 = 180^0 - \varphi_2$.

I valori di φ_1 e φ_2 sono dunque determinati dalla (25) nella forma:

$$(32) \qquad \begin{aligned} \cot\varphi &= \pm\sqrt{RR^*\left(\frac{1}{r_3}-\frac{1}{R}\right)\cdot\left(\frac{1}{R}-\frac{1}{r_4}\right)} \\ &= \pm\sqrt{RR^*\left(\frac{1}{r_3^*}-\frac{1}{R}\right)\cdot\left(\frac{1}{R^*}-\frac{1}{r_4^*}\right)} \end{aligned}$$

e risultano reali e distinti, coincidenti, o imaginari secondo che il termine sotto il radicale è positivo nullo o negativo.

La coincidenza dei due valori di φ_1 e φ_2 forniti dalla (32) non può dunque aver luogo che per $\varphi_1 = \varphi_2 = 90^0$, e se, (come abbiamo supposto in questo modo di degenerazione), le R ed R^* sono entrambe di grandezza finita, l'annullamento del termine sotto il radicale nella (32) si verifica soltanto per:

$$r_3 = R \qquad r_3 = R^*$$

nella quale ipotesi le coppie [1] [2] devono riguardarsi come coincidenti colla coppia [3] nelle intersezioni dell'asse (y) coi circoli della curvatura stazionaria, le quali sono punti doppi dalle cubiche degenerate.

La conseguenza cinematica è dunque la medesima sia che il termine sotto il radicale nella (32) si annulli, sia che esso si presenti di valore negativo, perchè in ambo le ipotesi le coppie reali e distinte sono soltanto le due situate su (y); ma nel primo caso una di esse deve riguardarsi come tripla [1]).

È anche evidente che la (32) non può dare $\varphi = 0$ finchè le R ed R^* sono di grandezza finita, ciò che conferma l' enunciato generale relativo alla ubicazione delle coppie principali in questo *Modo* di degenerazione.

[1]) Questo caso si verifica anche nel movimento ciclico, definito dal rotolamento di un circolo di raggio ρ^* su un circolo fisso di raggio ρ.

In tal caso infatti una delle coppie principali è evidentemente data dai centri dei due circoli rotolanti e si ha cioè: $\quad r_3 = \rho \qquad r_3^* = \rho^*$
e quindi dalle (24): $\quad r_4 = R \qquad r_4^* = R^*$

Nel movimento ciclico adunque tre delle coppie principali devono riguardarsi come coincidenti nelle intersezioni della normale comune ai circoli rotolanti coi circoli della curvatura stazionaria.

§ 13. Osservazioni sulla genesi delle formole di punto morto.

Ad ulteriore illustrazione della configurazione di punto morto, ed a complemento di quanto fu esposto nel § 8 e nel § 12 intorno a questo argomento vogliamo qui accennare come una rigorosa ricerca analitica confermi che per la configurazione di punto morto:

le leggi della curvatura stazionaria risultano dalla considerazione di tre (e non di due) *movimenti infinitesimi successivi, e le leggi della curvatura pseudo-stazionaria dalla considerazione di quattro* (e non di tre) *movimenti infinitesimi successivi.*

ciò che non appare ben chiaro pel procedimento artificioso cui sono stabilite le (24) e (25).

Curvatura stazionaria.

La considerazione di tre movimenti infinitesimi successivi si può introdurre differenziando due volte la equazione generale della curvatura (3), ciò che equivale a differenziare ulteriormente una volta le equazioni generali dei luoghi $\Lambda\Lambda^*$. Adopereremo all' uopo le equazioni delle $\Lambda\Lambda^*$ come determinate dalla conoscenza di due coppie [3] [4] nella forma (14) e (14)* sostituendovi gli indici 3 e 4 in luogo di 1 e 2.

Eseguendo la differenziazione, tenuto conto delle (9)

$$\frac{dr_i}{d\sigma}=\frac{dr_i^*}{d\sigma}=\cos\varphi_i \qquad \frac{d\varphi_i}{d\sigma}=\frac{1}{\rho}-\frac{\sin\varphi_i}{r_i}=\frac{1}{\rho^*}-\frac{\sin\varphi_i}{r_i^*}$$

e ponendo nelle equazioni risultanti $\varphi_3=\varphi_4=90^o$, esse si scindono rispettivamente nelle:

$$\cos\varphi=0 \qquad \frac{\sin\varphi}{r^*}=\frac{1}{r_3^*}+\frac{1}{r_4^*}-\frac{1}{\rho^*} \quad =\frac{1}{R^*} \text{ pelle } (24)^{\text{bis}}$$

$$\cos\varphi=0 \qquad \frac{\sin\varphi}{r}=\frac{1}{r_3}+\frac{1}{r_4}-\frac{1}{\rho} \quad =\frac{1}{R} \text{ pelle } (24)^{\text{bis}}$$

di cui le due a sinistra, soddisfatte da $\varphi=90^0$ rappresentano l'asse (y), mentre le due a destra rappresentano i circoli corrispondenti di diametri R ed R*, i quali costituiscono insieme ad (y) i luoghi degenerati della curvatura stazionaria.

Curvatura pseudo-stazionaria.

La considerazione di quattro movimenti infinitesimi successivi si può introdurre differenziando tre volte la equazione generale della curvatura (3) ovvero differenziando ulteriormente due volte le equazioni dei luoghi della curvatura stazionaria (14) e (14)*, previa la solita sostituzione di indici.

Eseguendo questa doppia differenziazione, tenuto conto delle (9), notando che pella simmetria del movimento $\frac{d\rho}{d\sigma} = \frac{d\rho^*}{d\sigma} = 0$, si ottengono due equazioni correlative, di cui quella relativa agli elementi di Σ può scriversi:

$$(\alpha) \qquad \frac{1}{r^2}(1 - 2\cos^2\varphi) - \frac{1}{r}\left(\frac{\sin\varphi}{\rho} + \frac{1}{R\sin\varphi}\right) + \frac{\cot^2\varphi}{R\ \rho} + \frac{1}{r_3 r_4} = 0$$

e deve rappresentare i quattro centri principali.

Ed infatti se poniamo in essa $\varphi = 90^o$ tenuto conto di relazioni precedenti, essa può scriversi:

$$\left(\frac{1}{r} - \frac{1}{r_3}\right) \cdot \left(\frac{1}{r} - \frac{1}{r_4}\right) = 0$$

e questa equazione soddisfatta da $r = r_3$ ed $r = r_4$, rappresenta le coppie [3] [4].

Se invece dalla (α) eliminiamo r mediante la $r = R \sin\varphi$, il risultato può ridursi facilmente alla forma:

$$\frac{\cot^2\varphi}{R\,R^*} = \left(\frac{1}{r_3} - \frac{1}{R}\right) \cdot \left(\frac{1}{R} - \frac{1}{r_4}\right)$$

la quale coincide identicamente colla (32).

Vi è tuttavia nelle formole ed enunciati precedenti qualcosa di paradossale che è necessario chiarire. Ed infatti se, dati R ed R*, e supposte le quattro coppie reali, noi concepiamo il movimento elementare di Σ^* come generato dalla biella di un meccanismo elementare di cui le coppie di perni sono le coppie principali note, gli enunciati precedenti significano:

a) Assumendo come perni le coppie [1] [2], le quali possono avere infinite posizioni diverse sui cerchi G_R G_R^*, colla sola condizione che il prodotto $\cot \varphi_1 \cot \varphi_2$ abbia un determinato valore, sempre le traiettorie degli stessi due punti A_3^* A_4^* di (y) hanno coi rispettivi cerchi osculatori di centri A_3 ed A_4 un contatto del 4° ordine;

b) Assumendo invece le coppie [3] [4] come perni di un meccanismo elementare a punto morto, due soli punti di G_R^*, simmetrici rispetto ad (y), godono della proprietà di descrivere traiettorie aventi coi rispettivi cerchi osculatori un contatto del 4° ordine.

In altri termini: *Cinque posizioni successive infinitamente vicine della biella A_1^* A_2^* determinano cinque posizioni di Σ^*, pelle quali le cinque posizioni di A_3^* ed A_4^* sono sui cerchi di centri A_3 ed A_4; mentre invece cinque posizioni successive infinitamente vicine della biella A_3^* A_4^* determinano cinque posizioni di Σ^* pelle quali le cinque posizioni di A_1^* A_2^* non sono* (in generale) *sui cerchi di centri A_1 ed A_2.*

Questo enunciato evidentemente paradossale non ha altro senso se non che la considerazione di posizioni distinte infinitamente vicine, la cui successione definisce il movimento di Σ^* non è in questo caso applicabile senza riserva, poichè, come osservammo nel § 8, alla biella di un meccanismo elementare a punto morto compete una *libertà di movimento infinitesimo*, maggiore di quella che compete alla biella di un meccanismo qualunque.

§ 14.

II Modo di degenerazione

Serie di meccanismi

$\Pi_{(000)}\ \Pi_{(x0y)}\ \Pi_{(yy)}\ \Pi_{(y0)}\ \Pi_{(xy)}\ \Pi_{(y0)}$

Se nel modo precedente di degenerazione il circolo G_R^* viene a coincidere col circolo dei flessi, deve essere: $R = \infty$ onde G_R si scinde nell'asse (x) e nella retta all' ∞, e cioè: *Se Λ^* degenera nell'asse (y) e nel circolo dei flessi, Λ degenera negli assi e nella retta all'∞* (Fig. 29).

I punti mobili della curvatura stazionaria sono in questo caso i punti di (y) e i punti di G_0^* i quali ultimi descrivono ondulazioni secondo direzioni passanti sul polo Y_0. Il circolo stesso si dirà quindi: *Circolo delle ondulazioni* e si designerà con G_{00}^*.

I centri fissi della curvatura stazionaria essendo situati sulla retta all'∞ e sui due assi qualunque punto di (x) può (nei limiti di due movimenti infinitesimi) riguardarsi come centro di curvatura della traiettoria descritta dal punto mobile Ω^*.

Dimostreremo inoltre che:

Esiste un punto di (x) il quale può riguardarsi come centro di curvatura dalla traiettoria di Ω^* nei limiti di tre movimenti infinitesimi,

II$^{(*)}$ Modo di degenerazione

Serie di meccanismi

$\Pi^{(*)}_{(000)}\ \Pi^{(*)}_{(x0y)}\ \Pi^{(*)}_{(yy)}\ \Pi^{(*)}_{(yy)}\ \Pi^{(*)}_{(xy)}\ \Pi^{(*)}_{(y0)}$

Se nel modo precedente di degenerazione il circolo G_R venne a coincidere col circolo delle cuspidi deve essere $R^* = \infty$ onde G_R^* si scinde nell'asse (x) e nella retta all'∞ e cioè: *Se Λ degenera nell'asse (y) e nel circolo delle cuspidi, Λ^* degenera negli assi e nella retta all'∞* (Fig. 29$^{(*)}$).

I centri fissi della curvatura stazionaria sono in questo caso i punti di (y) ed i punti di G_0 nei quali le rette del fascio Y_0^* inviluppano curve che presentano la singolarità della cuspidazione. Il circolo stesso si dirà quindi: *Circolo delle cuspidazioni* e si designerà con G_{00}.

I punti mobili della curvatura stazionaria essendo situati sulla retta all'∞ e sui due assi, qualunque punto di (x) descrive una traiettoria a curvatora stazionaria di cui Ω è il centro di curvatura.

Esiste un punto di (x) dalla cui traiettoria Ω si può riguardare centro di curvatura, nei limiti di tre movimenti infinitesimi, i quali enunciati si possono riassumere:

Nei modi di degenerazione II e II(*) *una delle coppie principali, che diremo* [1], *è sempre situata sull'asse* (x)

col punto mobile A_1^* nel centro istantaneo e il centro A_1 alla distanza r_1, sull'asse (x).

Ed infatti quando sia al limite: $R = \infty R^* = \rho_0$ le (24) e (25) relative a Σ devono scriversi:

$$(33) \qquad \frac{1}{r_3} + \frac{1}{r_4} - \frac{1}{\rho_0} = 0$$

$$(34) \qquad \frac{1}{r_3} \cdot \frac{1}{r_4} - \mathrm{Lim} \frac{\cot \varphi_1}{R} \cdot \frac{\cot \varphi_2}{\rho_0} = 0$$

e perchè la (34) possa essere soddisfatta da valori finiti di r_3 ed r_4 dovrà essere il valore di $\mathrm{Lim} \frac{\cot \varphi_1}{R}$ diverso da zero, ciò che esige che sia $\varphi_1 = 0$.

col centro fisso A_1 nel centro istantaneo, e il punto mobile A_1^* alla distanza r_1^* sull'asse (x).

Ed infatti quando sia al limite: $R^* = \infty R = -\rho_0$ le (24) e (25) relative a Σ^* devono scriversi:

$$(33)^* \qquad \frac{1}{r_3^*} + \frac{1}{r_4^*} + \frac{1}{\rho_0} = 0$$

$$(34)^* \qquad \frac{1}{r_3^*} \cdot \frac{1}{r_3^*} + \mathrm{Lim} \frac{\cot \varphi_1}{R^*} \cdot \frac{\cot \varphi_2}{\rho_0} = 0$$

e perchè la (34)* possa essere soddisfatta da valori finiti di r_3^* ed r_4^* dovrà essere il valore di $\mathrm{Lim} \frac{\cot \rho_1}{R^*}$ diverso da zero, ciò che esige che sia $\varphi_1 = 0$.

La determinazione di questi valori limiti può farsi con metodo analogo a quello seguito nel § preced. Abbiamo in fatti dalla (15):

$$\mathrm{Lim} \frac{\cot \varphi_1}{R} = \mathrm{Lim} \frac{\cot \varphi_1}{\cot \varphi_1 - \cot \varphi_2} \left(\frac{\cos \varphi_1}{r_1} - \frac{\cos \varphi_2}{r_2} \right)$$

nella quale ponendo $\varphi_1 = 0$ e notando che, poichè A_2^* è sul circolo delle ondulazioni, deve essere $r_2 = \infty$ si ottiene: $\mathrm{Lim} \frac{\cot \varphi_1}{R} = \frac{1}{r_1}$

e analogamente pel *Modo* II(*): $\mathrm{Lim} \frac{\cot \varphi_1}{R^*} = \frac{1}{r_1^*}$

Le equazioni precedenti possono dunque scriversi nella forma:

$$(33) \qquad \frac{1}{r_3} + \frac{1}{r_4} - \frac{1}{\rho_0} = 0$$

$$(34) \qquad \frac{1}{r_3} \cdot \frac{1}{r_4} - \frac{1}{\rho_0} \cdot \frac{\cot \varphi_2}{r_1} = 0$$

le quali *rappresentano la legge più generale di ubicazione delle coppie principali nel Modo* II.

$$(33)^* \qquad \frac{1}{r_3^*} + \frac{1}{r_4^*} + \frac{1}{\rho_0} = 0$$

$$(34)^* \qquad \frac{1}{r_3^*} \cdot \frac{1}{r_4^*} + \frac{1}{\rho_0} \cdot \frac{\cot \varphi_2}{r_1^*} = 0$$

le quali *rappresentano la legge più generale di ubicazione delle coppie principali nel Modo* II(*).

Ricordiamo che queste coppie sono situate:

[1] *sull'asse* (x)

col punto mobile in Ω^*

col centro fisso in Ω.

[2] *sul raggio individuato da* φ_2,

col punto mobile che diremo A_{000}^* sul circolo delle ondulazioni.

col centro fisso che diremo A_{000} su circolo delle cuspidazioni.

[3] e [4] *sull'asse* (y)

in modo da soddisfare la (33).

in modo da soddisfare la (33)*

Procediamo ora a investigare l'intrinseco significato delle (34) e (34)* nelle quali sono involute molte importanti proprietà.

Secondo quanto fu esposto nella INTROD:

per le traiettorie di punti di Σ^* in ondulazione si ha:

$$\frac{d\psi}{d\sigma} = \frac{d^2\psi}{d\sigma^2} = 0$$

e differenziando la (5) § 1.

$$\frac{d\psi}{d\sigma} = \frac{\operatorname{sen}\varphi}{r^*} - \frac{1}{\rho_0}$$

si ha, in generale, pei punti del circolo dei flessi:

$$(35) \quad \frac{d^2\psi}{d\sigma^2} = \frac{3}{\rho_0 \sin\varphi}\left(\frac{\cos\varphi}{R} + \frac{\sin\varphi}{S}\right)$$

espressione che è nulla in tutti i punti di detto circolo quando, per essere $\frac{1}{S} = \frac{1}{R} = 0$ il circolo medesimo diventi circolo delle ondulazioni.

Il senso nel quale si incurvano i rami delle ondulazioni (rispetto a un osservatore situato in Ω) dipende dunque dal segno della:

$$\frac{d^3\psi}{d\sigma^3} = \frac{3}{\rho_0 \sin\varphi}\left(\cos\varphi \frac{d}{d\sigma}\left(\frac{1}{R}\right) + \right.$$

$$(35)^{\text{bis}} \qquad \left. + \sin\varphi \frac{d}{d\sigma}\left(\frac{1}{S}\right)\right)$$

e se esiste sul circolo delle ondulazioni un punto principale, la cui traiettoria presenta la singolarità

per gli inviluppi di rette di Σ^* in cuspidazione si ha:

$$\frac{ds'}{d\sigma} = \frac{d^2s'}{d\sigma^2} = 0$$

e differenziando la (6) § 1.

$$\frac{ds'}{d\sigma} = \frac{r}{\rho_0} + \sin\varphi$$

si ha, in generale, nei punti del circolo delle cuspidi:

$$35)^* \quad \frac{d^2s'}{d\sigma^2} = 3\left(\frac{\cos\varphi}{R^*} + \frac{\sin\varphi}{S}\right)$$

espressione che è nulla in tutti i punti di detto circolo, quando, per essere $\frac{1}{R^*} = \frac{1}{S} = 0$ il circolo medesimo diventi circolo delle cuspidazioni.

Il senso nel quale si incurvano i rami delle cuspidazioni (rispetto a un osservatore situato in Ω) dipende dunque dal segno della:

$$\frac{d^3s'}{d\sigma^3} = 3\left(\cos\varphi \frac{d}{d\sigma}\left(\frac{1}{R^*}\right) + \right.$$

$$(35)^*_{\text{bis}} \qquad \left. + \sin\varphi \frac{d}{d\sigma}\left(\frac{1}{S}\right)\right)$$

e se esiste sul circolo delle cuspidazioni un centro principale nel quale ha luogo la singolarità della pseu-

della pseudo-ondulazione si dovrà avere per esso:

$$\frac{d^3\psi}{d\sigma^3} = 0$$

Dimostreremo che questa condizione coincide colla (34).

Ed infatti costruendo le espressioni (15) e (16) delle $\frac{1}{R}$ e $\frac{1}{S}$ con elementi di indici 1 e 3 (ovvero 1,4 o 1,2) differenziandole rispetto a σ e ponendo nel risultato $\varphi_1 = 0$, e $\varphi_3 = 90^o$, tenuto conto delle (33) si ottiene:

$$(36) \quad \frac{d}{d\sigma}\left(\frac{1}{R}\right) = + \frac{1}{\rho_0} \cdot \frac{1}{r_1} \qquad \frac{d}{d\sigma}\left(\frac{1}{S}\right) = - \frac{1}{r_3} \cdot \frac{1}{r_4}$$

Le quali sostituite nella (35) bis danno:

$$(37) \quad \frac{d^3\psi}{d\sigma^3} = \frac{3}{\rho_0 \sin\varphi} \left(\frac{\cos\varphi}{\rho_0 r_1} - \frac{\sin\varphi}{r_3 r_4}\right)$$

onde risulta dimostrato che la $\frac{d^3\psi}{d\sigma^3} = 0$ coincide identicamente colla (34).

La $\frac{d^3\psi}{d\sigma^3}$ è dunque, lungo il circolo delle ondulazioni, una funzione finita [1]) e continua, che in un punto si annulla, e quindi da parti opposte del punto medesimo presenta

do-cuspidazione si dovrà avere in esso:

$$\frac{d^3 s'}{d\sigma^3} = 0$$

Dimostreremo che questa condizione coincide colla (34)*.

Ed infatti costruendo le espulsioni (15)* e (16)* delle $\frac{1}{R^*}$ e $\frac{1}{S}$ con elementi di indici 1, e 3, (ovvero 1, 4, ed 1, 2), differenziandole rispetto a σ, e ponendo nel risultato $\varphi_1 = 0$ $\varphi_3 = 90^0$ tenuto conto delle (33)* si ottiene:

$$(36)^* \quad \frac{d}{d\sigma}\left(\frac{1}{R^*}\right) = - \frac{1}{\rho_0} \cdot \frac{1}{r_1^*} \qquad \frac{d}{d\sigma}\left(\frac{1}{S}\right) = - \frac{1}{r_3^*} \cdot \frac{1}{r_4^*}$$

Le quali sostituite nella (35)* bis danno:

$$(37)^* \quad \frac{d^3 s'}{d\sigma^3} = -3 \left(\frac{\cos\varphi}{\rho_0 r_1^*} + \frac{\sin\varphi}{r_3^* r_4^*}\right)$$

onde risulta dimostrato che la $\frac{d^3 s}{d\sigma^3} = 0$ coincide identicamente colla (34)*.

La $\frac{d^3 s'}{d\sigma^3}$ è dunque, lungo il circolo delle cuspidazioni una funzione finita e continua, che in un punto si annulla e quindi da parti opposte del punto medesimo presenta va-

---

[1]) Non è inutile notare che la relazione (37) e le precedenti da cui fu dedotto non sono applicabili al punto Ω il quale sebbene appartenga al circolo delle ondulazioni descrive una traiettoria di curvatura finita (in generale una Falcata).

Nel punto Ω la (37) si presenta di valore ∞ ciò che non esprime altro se non che in Ω la $\frac{d^3\psi}{d\sigma^3}$ cambia di segno, ed infatti sui due archi del circolo delle ondulazioni determinati da Ω e da A^*_{000} la funzione $\frac{d^3\psi}{d\sigma^3}$ è di segni contrari. Osservazioni analoghe valgono per l'enunciato correlativo.

valori di segni contrarii; onde si deriva l'enunciato:

Il punto principale A^*_{000} divide il circolo delle ondulazioni G^*_{00} in due archi a partire da Ω, pei quali i rami delle ondulazioni presentano verso Ω curvature di sensi contrari, dipendentemente del segno di $\frac{d^3\phi}{d\sigma^3}$ e cioè: per un dato punto del circolo G^*_{00} i rami della ondulazione sono convessi o concavi verso Ω secondo che il segno del corrispondente valore di $\frac{d^3\phi}{d\sigma^3}$ dato dalla (37) è positivo o negativo.

lori di segni contrarii onde si deriva l'enunciato:

Il centro principale A_{000} divide il circolo delle cuspidazioni in due archi a partire da Ω, pei quali i rami delle cuspidazioni inviluppate presentano verso Ω curvature di sensi contrari, dipendentemente dal segno di $\frac{d^3s'}{d\sigma^3}$ e cioè: in un dato punto del circolo G_{00} la cuspidazione inviluppata è convessa o concava verso Ω, secondo che il segno del corrispondente valore di $\frac{d^3s'}{d\sigma^3}$ dato dalla (37) è positivo o negativo.*

Supponendo assunte due delle coppie principali a funzionare da perni di un quadrilatero articolato che comanda il movimento di Σ^* come connessa alla sua biella, ed applicando in tale ipotesi al movimento continuo di Σ^* precedente e susseguente al movimento elementare considerato i metodi di investigazione adoperati cui § 6 e § 8 possiamo inoltre enunciare:

A partire dal punto principale A^*_{000} e lungo il circolo delle ondulazioni si estendono due regioni di Σ^* di cui i punti descrivono traiettorie finite che presentano tre flessi distinti e consecutivi.

Di queste due regioni quella situata lungo l'arco delle ondulazioni convesse è esterna al circolo G^*_{00}, e quella situata lungo l'arco delle ondulazioni concave è interna al circolo medesimo.

A partire dal centro principale A_{000} e lungo il circolo delle cuspidazioni si estendono due regioni di Σ nelle quali rette di Σ^* inviluppano curve finite che presentano tre cuspidi distinte e consecutive.

Di queste due regioni quella situata lungo l'arco delle cuspidazioni convesse è esterna al circolo G_{00}, e quella situata lungo l'arco delle cuspidazioni concave è interna al circolo medesimo.

Questi enunciati sono ovviamente subordinati all'ipotesi che le coppie note (e scelte a funzionare da perni) siano tali che il valore di φ_2 dato dalla (34) risulti determinato e diverso da zero ciò che non ha luogo nei casi di movimenti simmetrici come vedremo in seguito. Queste regioni dei luoghi a tre singolarità, quando esistono, possono essere notevolmente estese e abbracciare quasi l'intera periferia di G^*_{00} o G_{00}.

Procediamo ora a investigare i diversi casi di movimento che si possono presentare, assumendo come date due delle coppie principali, incominciando dal caso speciale dei movimenti simmetrici.

Movimenti simmetrici

I movimenti pei quali esiste un circolo delle ondulazioni ovvero delle cuspidazioni, non possono essere simmetrici che nella ipotesi che l'elemento della coppia [1] che non cade in Ω sia situato a distanza infinita, la sua presenza a distanza finita sull'asse $((x)$ costituendo invece una intrinseca dissimetria del movimento [1]).

Ponendo dunque $r_1 = \infty$ nelle $(35)^{bis}$ e (37) si ha:

$$(38)\quad \frac{d^3\psi}{d\sigma^3} = \frac{3}{\rho_0}\frac{d}{d\sigma}\left(\frac{1}{S}\right) = \frac{-3}{\rho_0\, r_3\, r_4}$$

espressione costante per tutti i punti del circolo delle ondulazioni.

Non si possono dunque presentare che due casi, e cioè: o che il secondo membro della (38) sia nullo o che esso sia di grandezza finita qualunque.

Ponendo dunque $r_1^* = \infty$ nelle $(35)^{bis*}$ e $(37)^*$ si ha:

$$(38)^*\quad \frac{d^3 s'}{d\sigma^3} = 3\sin\varphi\frac{d}{d\sigma}\left(\frac{1}{S}\right) = \frac{-3\sin\varphi}{r_3^*\, r_4^*}$$

espressione di segno costante in tutti i punti del circolo delle cuspidazioni.

Non si possono dunque presentare che due casi e cioè: o che il secondo membro della $(38)^*$ sia nullo o che esso sia di grandezza finita qualunque.

1. *Caso (Movimenti ciclici).*

Questi come si vedrà notissimi casi di movimenti simmetrici sono caratterizzati dalle condizioni.

$$\frac{d^3\psi}{d\sigma^3} = 0$$

(pei punti di un circolo di Σ^*) ciò che ha luogo per:

$$r_1 = \infty \quad r_3 = \rho_0 \quad r_4 = \infty$$

mentre φ_2 è indeterminato come risulta dalla (34).

La indeterminazione di φ_2 e l'annullamento di $\frac{d^3\psi}{d\sigma^3}$ mostrano dunque che tutti i punti del circolo delle traiettorie di curvatura nulla che indicheremo in questo caso col simbolo G^*_{000} sono punti principali e descrivono traiettorie elementari rettilinee secondo direzioni passanti per

$$\frac{d^3 s'}{d\sigma^3} = 0$$

(nei punti di un circolo di Σ) ciò che ha luogo per:

$$r_1^* = \infty \quad r_3^* = -\rho_0 \quad r_4^* = \infty$$

mentre φ_2 è indeterminato come risulta dalla $(34)^*$.

La indeterminazione di φ_2 e l'annullamento di $\frac{d^3 s'}{d\sigma^3}$ mostrano dunque che tutti i punti del circolo luogo degli inviluppi di curvatura infinita che indicheremo in questo caso col simbolo G_{000}, sono centri principali, e quindi nel movimento elementare le rette del fascio Y_0^* passano co-

---

[1]) Deve invece escludersi l'ipotesi che i due elementi della coppia [1] coincidano in Ω ciò che non è difficile concludere dall'esame delle formole precedenti.

Y_0 mentre il centro di G^*_{000} descrive una traiettoria circolare intorno a Y_0 (essendo $r_3 = \rho_0$, $r^*_3 = \frac{1}{2}\rho_0$).

È questo dunque il noto movimento ciclico determinato dal rotolamento di un circolo G^*_{000} entro un circolo di raggio doppio (ricordiamo che per $R = \infty$ si ha $\rho = 2\rho^* = \rho_0$)

stantemente pei punti di G_{000}, mentre Y_0^* descrive il circolo medesimo (essendo $r_3^* = -\rho_0$, $r_3 = -\frac{1}{2}\rho_0$).

È questo dunque il noto movimento ciclico determinato dal rotolamento di un circolo intorno a un circolo interno G_{000} di raggio metà (ricordiamo che per $R^* = \infty$ si ha: $\rho^* = 2\rho = -\rho_0$)

ed è noto che le leggi di simili movimenti si mantengono identicamente anche per una amplitudine finita qualsiasi.

Questi movimenti possono dunque ottenersi:

a) colle coppie [1] [2] o due coppie [2]' [2]''

e cioè obligando due punti di G^*_{000} a muoversi secondo direzioni rettilinee passanti per Y_0 (meccanismo del *Glifo a croce*. Fig. 34_A)

e cioè obligando due rette del fascio Y^*_0 a passare costantemente per due punti del circolo G_{000} (meccanismo del *Giunto di Oldham*. Fig. 40_A)

b) colle coppie [1] [3] ovvero [2] [3]

e cioè obligando il centro di G^*_{000} a descrivere un circolo di centro Y_0, ed un punto di G^*_{000} e descrivere una retta passante per Y_0. (*Manovella di spinta isoscele*. Fig. 34_B)

e cioè obligando il punto Y^*_0 a descrivere il circolo G_{000} ed una retta al fascio Y^*_0 a passare costantemente per un punto di G_{000}. (*Glifo-manovella isoscele*. Fig. 40_B).

Diremo *meccanismi ciclici* questi quattro meccanismi elementari, designando coi simboli:

Serie $\Pi_{(000)}$ la doppia infinità dei *glifi a croce* e la semplice infinità delle *manovelle di spinta isosceli*.

Serie $\Pi^{(*)}_{(000)}$ la doppia infinità dei *Giunti di Oldham* e la semplice infinità dei *glifi-manovella isosceli*.

2. *Caso (Movimenti paraciclici)*

Diremo *paraciclici* i movimenti simmetrici pei quali esiste un circolo delle ondulazioni ovvero delle cuspidazioni senza che ρ e ρ^* siano costanti nei limiti di tre movimenti infinitesimi:

Questi movimenti sono caratterizzati dalle condizioni:

$$\frac{d^3\phi}{d\sigma^3} = \text{costante}$$

(pei punti di un circolo di Σ^*) ciò che ha luogo per:

$$r_1 = \infty \qquad \varphi_2 = 0$$

$$\frac{d^3 s'}{d\sigma^3} = \text{costante}$$

(nei punti di un circolo di Σ) ciò che ha luogo per:

$$r_1^* = \infty \qquad \varphi_2 = 0$$

essendo r_3 ed r_4 *di grandezza finita*, e tali da soddisfare le (33).

essendo r_3^* ed r_4^* di *grandezza finita*, e tali da soddisfare le (33).*

In tale ipotesi infatti le (34) e (34)* non possono essere soddisfatte che dalla cot $\varphi_2 = \infty$ $\varphi_2 = 0$, onde le coppie [1] [2] coincidono sull'asse (x)

col punto mobile Ω^* e il centro fisso nel punto all' ∞ di (x).

col centro fisso in Ω e il punto mobile nel punto all' ∞ di (x).

Ed infatti il centro istantaneo Ω e il punto all' ∞ di (x) devono riguardarsi come punti doppi dei luoghi degenerati della curvatura stazionaria nei due *Modi* di degenerazione qui contemplati.

Possiamo dunque enunciare:

Nessun punto principale si trova in questo caso sul circolo G^*_{00} di cui tutti i punti senza eccezione descrivono delle ondulazioni.

Le ondulazioni sono convesse o concave verso Ω secondo che il segno di

$$\frac{d^3\psi}{d\sigma^3} = \frac{-3}{\rho_0\, r_3\, r_4}$$

e cioè il segno di $-r_3 r_4$ è positivo o negativo.

Solo dunque quando r_3 ed r_4 sono entrambe positive e maggiori di ρ_0, (pella (33), possono le ondulazioni essere concave verso Ω, mentre in ogni altro caso saranno convesse.

Poichè inoltre il segno del 2.° membro della (38) dà anche il segno di $\frac{d^2\rho_0}{d\sigma^2}$, se le ondulazioni sono convesse, ρ_0 è un minimo, mentre esso è un massimo se le ondulazioni sono concave.

Nessun centro principale si trova in questo caso sul circolo G_{00}, onde tutte le rette del fascio Y_0^* vi inviluppano senza eccezione delle cuspidazioni.

Le cuspidazioni sono convesse o concave verso Ω secondo che il segno di

$$\frac{d^3s'}{d\sigma^3} = \frac{-3\sin\varphi}{r_3^*\, r_4^*}$$

e cioè il segno di $-r_3^*\, r_4^*$ è positivo o negativo.

Solo dunque quando r_3^* e r_4^* sono entrambe negative e maggiori di ρ_0 (pella (33)*) possono le cuspidazioni essere concave verso Ω mentre in ogni altro caso esse saranno convesse.

Poichè inoltre il segno del 2.° membro della (38)* dà il segno di $\frac{d^2\rho_0}{d\sigma^2}$, se le cuspidazioni sono convesse ρ_0 è un minimo, mentre esso è un massimo se le cuspidazioni sono concave.

Possiamo infine enunciare che in generale:

Il punto mobile Ω^* descrive una traiettoria cuspidale simmetrica di curvatura nulla e cioè una *Ipercuspide*.

La retta mobile $(y)^*$ inviluppa in Ω una cuspide ordinaria.

Il punto mobile Ω^* descrive una cuspide ordinaria.

La retta mobile $(y)^*$ inviluppa in Ω una cuspidazione di 3.° ordine o pseudo-cuspidazione (essendo infatti $\frac{d^3s'}{d\sigma^3} = 0$ per $\varphi = 0$).

Questi movimenti possono dunque ottenersi scegliendo a funzionare da perni sia le coppie [1] [3], sia le coppie [3] [4] come andiamo ad esporre:

a) Perni [1] [3].

dispositivo realizzato dalla

Serie $\mathrm{II}_{(x0y)}$ (Fig. 35)

la quale è costituita dalla semplice infinità delle *Manovelle di spinta in configuraz. ortogonale diretta* e dal *glifo-testacroce in configurazione ortogonale diretta* (meccanismo unico).

La coppia incognita [4] è data dalla (33) e coincide colla [3] per:

$$r_3 = +2\rho_0, \quad r_3^* = +\frac{2}{3}\rho_0$$

Quando si scelga:

$$\text{la (33) dà:} \quad \left.\begin{aligned} r_3 &= +\frac{1}{2}\rho_0 \\ r_4 &= -\rho_0 \end{aligned}\right\} \quad (39)$$

e quindi, il centro fisso della [4] cadendo nel polo delle cuspidi la singolarità inviluppatavi dalla perpendicolare a (y) sarebbe necessariamente la *doppia cuspidazione* (cuspidazione di 4° ordine)

dispositivo realizzato dalla

Serie $\mathrm{II}^{(*)}_{(x0y)}$ (Fig. 41)

la quale è costituita dalla semplice infinità dei *Glifi-manovelle in configurazione ortogonale inversa* e dal *glifo-testacroce in configurazione ortogonale inversa* (meccanismo unico).

La coppia incognita [4] è data dalla (33)* e coincide colla [3] per:

$$r_3^* = -2\rho_0, \quad r_3 = -\frac{2}{3}\rho_0$$

Quando si scelga:

$$\text{la (33)* dà:} \quad \left.\begin{aligned} r_3^* &= -\frac{1}{2}\rho_0 \\ r_4^* &= +\rho_0 \end{aligned}\right\} \quad (39)^*$$

e quindi, il punto mobile della [4] cadendo nel polo dei flessi, la sua traiettoria presenterebbe necessariamente la singolarità della *doppia ondulazione* (ondulazione di 4° grado)

Anche in questi casi noi non possiamo dimostrare in modo elementare che esistano regioni di inviluppi a quattro cuspidi ovvero di traiettorie a quattro flessi ma con metodo analogo a quello seguito nel § 12 potremmo dimostrare che simili regioni esistono quando si assumano pei perni delle manovelle posizioni leggermente diverse da quelle definite dalle (39) e (39)* (v. p. e. nel cap. VII l' applicazione alla guida a concoide illustrata nella fig. 94).

È infine evidente che ponendo $r_3 = \rho_0$ si ricade nella *Serie* $\mathrm{II}_{(000)}$.

È infine evidente che ponendo $r_3^* = -\rho_0$ si ricade nella *Serie* $\mathrm{II}^{(*)}_{(000)}$.

b) Perni [3] [4]

dispositivo realizzato dalla

Serie $\mathrm{II}_{(yy)}$ (Fig. 36)

la quale comprende la semplice infinità dei *quadrilateri articolati a punto morto* di cui la posizione dei perni fissi soddisfa la (33), oltre un

dispositivo realizzato dalla

Serie $\mathrm{II}^{(*)}_{(yy)}$ (Fig. 42)

la quale comprende la semplice infinità dei *quadrilateri articolati a punto morto*, di cui la posizione dei perni mobili soddisfa la (33)*, oltre

unico meccanismo del glifo-manovella a punto morto	un unico meccanismo della manovella di spinta a punto morto
$\left(r_3 = -\rho_0,\ r_4 = \frac{1}{2}\rho_0\right)$	$\left(r_3^* = +\rho_0,\ r_4^* = -\frac{1}{2}\rho_0\right)$

Osserviamo infine che per queste due ultime serie la formola generale di punto morto (32), § 12 conferma la qui descritta distribuzione delle coppie principali, ed infatti ponendo in essa: $R = \infty$ od $R^* = \infty$ si ottiene evidentemente: $\cot^2 \varphi = \infty$ la quale è soddisfatta soltanto da $\varphi_1 = \varphi_2 = 0.$

Movimenti dissimmetrici

Nel caso più generale dei movimenti pei quali esiste un circolo delle ondulazioni ovvero un circolo delle cuspidazioni, e cioè quando l'elemento della coppia [1] che non cade in Ω è situato a distanza finita su (y), il movimento è necessariamente dissimmetrico, onde esiste sempre in tal caso

un punto A^*_{000} di pseudo ondulazione su G^*_{00}	un punto A_{000} di pseudo-cuspidazione su G_{00},

ai quali punti competono le proprietà precedentemente enunciate.

La ubicazione delle coppie principali è dunque definita dalle (33) (34), (33)* (34)*:

(33) $\quad \frac{1}{r_3} + \frac{1}{r_4} - \frac{1}{\rho_0} = 0$	(33)* $\quad \frac{1}{r_3^*} + \frac{1}{r_4^*} + \frac{1}{\rho_0} = 0$
(34) $\quad \frac{1}{r_3} \cdot \frac{1}{r_4} - \frac{\cot\varphi_2}{\rho_0\, r_1} = 0$	(34)* $\quad \frac{1}{r_3^*} \cdot \frac{1}{r_4^*} + \frac{\cot\varphi_2}{\rho_0\, r_1^*} = 0$
colla sola limitazione che la scelta arbitraria delle due coppie note (perni) sia tale che r_1 non risulti infinitamente grande.	colla sola limitazione che la scelta arbitraria delle due coppie note (perni) sia tale che r_1^* non risulti infinitamente grande.

È dunque facile vedere che le coppie [1] [2] sono sempre reali, mentre le coppie [3] [4] possono essere reali e distinte, reali e coincidenti oppure imaginarie.

Esclusa la combinazione di punto morto, sono evidentemente possibili tre diverse combinazioni di scelta arbitraria di due delle coppie a funzionare da perni e cioè: [1] [2], [1] [3], [2] [3], delle quali diremo successivamente.

a) Perni in [1] [2]

Questa disposizione è realizzata dalla *Serie* $II_{(\infty)}$ (Fig. 37) la quale comprende la doppia infinità delle *manovelle di spinta* di cui le biella è perpendicolare alla guida	Questa disposizione è realizzata dalla *Serie* $II^{(*)}_{(\infty)}$ (Fig. 43) la quale comprende la doppia infinità dei *glifi-manovelle* di cui il glifo è perpendicolare alla linea dei

della testa-croce (*Configurazione perpendicolare*).

Sono dunque note r_1 e φ_2 onde le r_3 r_4 sono radici della:

$$(40)\qquad \frac{1}{r^2} - \frac{1}{r}\cdot\frac{1}{\rho_0} + \frac{\cot\varphi_2}{\rho_0 r_1} = 0$$

le quali sono reali e distinte, coincedenti o imaginarie secondo che:

$$r_1 - 4\rho_0 \cot\varphi_2 \gtreqless 0$$

condizioni di ovvia interpretazione geometrica.

La (40) è soddisfatta da $r = -\rho_0$ quando sia:

$$(41)\qquad r_1 = -\frac{1}{2}\rho_0 \cot\varphi_2$$

nella quale ipotesi ha luogo pseudo-cuspidazione nel polo delle cuspidi.

perni fissi (*Configurazione perpendicolare*).

Sono dunque noti r_1^* e φ_2 onde le r_3^* r_4^* sono radici della:

$$(40)^*\qquad \frac{1}{r_2^*} + \frac{1}{r^*}\cdot\frac{1}{\rho_0} - \frac{\cot\varphi_2}{\rho_0 r_1^*} = 0$$

le quali sono reali e distinte, coincidenti, o imaginarie secondo che:

$$r_1^* + 4\rho_0 \cot\varphi_2 \gtreqless 0$$

condizioni di ovvia interpretazione geometrica.

La $(40)^*$ è soddisfatta da $r^* = \rho_0$ quando sia:

$$(41)^*\qquad r_1^* = +\frac{1}{2}\rho_0 \cot\varphi_2$$

nella quale ipotesi ha luogo pseudo-ondulazione nel polo dei flessi. (V. p. e. Fig. 97)

b) Perni in [1] [3]

dispositivo realizzato dalla

Serie $II_{(xy)}$ (Fig. 38)

la quale comprende:

a) la doppia infinità dei *quadrilateri articolati in configurazione ortogonale diretta;*

b) la semplice infinità dei *glifi-manovella in configurazione ortogonale diretta* (che si ha ponendo: $r_3 = -\rho_0$ mentre r_1 è arbitrario).

Dato uno di questi meccanismi il circolo delle ondulazioni è immediatamente determinato e la (34) dà pei quadrilateri:

$$\cot\varphi_2 = \frac{r_1}{r_3}\cdot\frac{r_3 - \rho_0}{r_3}$$

e pei glifi-manovella: (42)

$$\cot\varphi_2 = -\frac{2 r_1}{\rho_0}$$

dispositivo realizzato dalla

Serie $II^{(*)}_{(xy)}$ (Fig. 44)

la quale comprende:

a) la doppia infinità dei *quadrilateri articolati in configurazione ortogonale inversa;*

b) la semplice infinità delle *manovelle di spinta in configurazione ortogonale inversa* (che si ha ponendo: $r_3^* = +\rho_0$ mentre r_1^* è arbitrario).

Dato uno di questi meccanismi il circolo delle cuspidazioni è immediatamente determinato e la $(34)^*$ dà pei quadrilateri:

$$\cot\varphi_2 = -\frac{r_1^*}{r_3^*}\cdot\frac{r_3^* + \rho_0}{r_3^*}$$

e pelle manovelle di spinta: $(42)^*$

$$\cot\varphi_2 = +\frac{2 r_1^*}{\rho_0}$$

colle quali si individua il punto di pseudo-ondulazione A^*_{000} (v. p. e. Figura 91).

È anche ovvio che se fosse scelto:

$$r_3 = \rho_0$$

il punto A^*_{000} cadrebbe nel polo dei flessi ($\varphi_2 = 90°$), e poichè in tale ipotesi:

$$r_4 = \infty \qquad r^*_4 = \rho_0$$

coinciderebbero nel polo dei flessi i punti mobili delle due coppie [2] e [4] (v. p. e. Fig. 90).

Il polo dei flessi ed il punto all'∞ di (y) sono in fatti punti doppi di Λ^* e Λ degenerate.

Ed infine se fosse scelto

$$r_3 = \frac{1}{2}\rho_0$$

avrebbe luogo pseudo-cuspidazione nel polo delle cuspidi, venendovi a cadere il centro fisso della [4].

colle quali si individua il punto di pseudo-cuspidazione A_{000}.

È anche ovvio che se fosse scelto:

$$r_3^* = -\rho_0$$

il punto A_{000} cadrebbe nel polo delle cuspidi ($\varphi_2 = 90°$), e poichè in tale ipotesi:

$$r_4^* = \infty \qquad r_4 = -\rho_0$$

coinciderebbero nel polo delle cuspidi i centri fissi delle due coppie [2] e [4].

Il polo delle cuspidi e il punto all'∞ di (y) sono infatti punti doppii di Λ e Λ^* degenerate.

Ed infine se fosse scelto

$$r_3^* = -\frac{1}{2}\rho_0$$

avrebbe luogo pseudo-ondulazione nel polo dei flessi, venendovi a cadere il punto mobile della [4] (V. p.e. Fig. 96).

e) Perni in [2] [3]

dispositivo realizzato dalla

Serie $\text{II}_{(90)}$ (Fig. 39)

la quale comprende:

a) la doppia infinità *delle manovelle di spinta* di cui la manovella è sull'asse (y);

b) la semplice infinità dei *glifi-testacroce*, di cui il perno del glifo è nel polo delle cuspidi ($r_3 = -\rho_0$).

La condizione perchè una data manovella di spinta appartenga a questa serie è dunque che la parallela per O alla guida della testacroce passi per Ω, ed analoga condizione può enunciarsi pel glifo-testacroce. (Fig. 39).

Noti dunque r_3 e φ_2, la (33) dà r_4 e la (34) dà pelle manovelle di spinta:

dispositivo realizzato dalla

Serie $\text{II}^{(*)}_{(90)}$ (Fig 45)

la quale comprende

a) la doppia infinità dei *glifi-manovella*, di cui la manovella è sull'asse (y);

b) la semplice infinità dei *glifi-testacroce*, di cui la testacroce è nel polo dei flessi ($r^*_3 = \rho_0$).

La condizione perchè un dato glifo-manovella appartenga a quattro serie è dunque che la parallela per O all'asse del glifo passi per Ω, e analoga condizione può enunciarsi pel glifo-testacroce (Fig. 45).

Noti dunque r_3^* e φ_2 la (33)* de' r_4^* e la (34)* dà per i glifi-manovella :

$$\left.\begin{aligned} r_1 &= r_3 \cot\varphi_2 \frac{r_3}{r_3 - \rho_0} \\ &\text{e pei glifi-testacroce:} \\ r_1 &= -\frac{1}{2}\rho_0 \cot\varphi_2 \end{aligned}\right\} \quad (43)$$

le quali individuano il centro di curvatura della traiettoria del punto mobile che cade in Ω. Questa traiettoria è dunque necessariamente una falcata (V. INTROD.).

Come pella serie precedente quando si scelga:

$$r_3 = +\frac{1}{2}\rho_0$$

avrebbe luogo pseudo-cuspidazione nel polo delle cuspidi ed in tale ipotesi:

$$r_1 = -\frac{1}{2}\rho_0 \cot\varphi_2$$

mentre scegliendo $r_3 = \rho_0$ si ricade nella manovella di spinta della *Serie* $\text{II}_{(000)}$ (isoscele).

$$\left.\begin{aligned} r_1^* &= -r_3^* \cot\varphi_2 \frac{r_3^*}{r_3^* + \rho_0} \\ &\text{e pei glifi-testacroce:} \\ r_1^* &= +\frac{1}{2}\rho_0 \cot\varphi_2 \end{aligned}\right\} \quad (43)^*$$

le quali individuano il punto principale della cui traiettoria Ω è centro di curvatura, mentre la traiettoria di Ω* è una cuspide semplice.

Come pella serie precedente quando si scelga:

$$r_3^* = -\frac{1}{2}\rho_0$$

avrebbe luogo pseudo-ondulazione nel polo dei flessi (v. p. e. Fig. 95) ed in tale ipotesi

$$r_1^* = +\frac{1}{2}\rho_0 \cot\varphi_2$$

mentre scegliendo $r^*_3 = -\rho_0$ si ricade nel glifo-manovella della *Serie* $\text{II}^{(*)}_{(000)}$ (isoscele).

QUADRO SINOTTICO DEI MECCANISMI

DELLE SERIE II E $II^{(*)}$

Meccanismi simmetrici

1.° « *ciclici* »

Serie $II_{(000)}$. Glifo a Croce e Manovella di spinta isoscele. (Fig. 34).

Serie $II^{(*)}_{(000)}$. Giunto di Oldham e Glifo-manovella isoscele. (Fig. 40).

2.° « *paraciclici* »

Serie $II_{(x0y)}$. Manovelle di spinta e Glifo-testacroce in configurazione ortogonale diretta (Fig. 35).

Serie $II^{(*)}_{(x0y)}$. Glifi-manovelle, e Glifo-testacroce, in configurazione ortogonale inversa (Fig. 41).

Serie $II_{(yy)}$. Quadrilateri articolati e Glifo-manovella a punto morto. (Fig. 36).

Serie $II^{(*)}_{(yy)}$. Quadrilateri articolati e Manovella di spinta a punto morto. (Fig. 42).

Meccanismi dissimmetrici

Serie $II_{(x0)}$. Manovelle di spinta in configuraz. perpendicolare. (Fig. 37).

Serie $II^{(*)}_{(x0)}$. Glifi-manovelle in configurazione perpendicolare. (Fig. 43).

Serie $II_{(xy)}$. Quadrilateri articolati e Glifi-manovelle in configurazione ortogonale diretta. (Fig. 38).

Serie $II^{(*)}_{(xy)}$. Quadrilateri articolati e Manovelle di spinta in configurazione ortogonale inversa. (Fig. 44).

Serie $II_{(y0)}$. Manovelle di spinta e Glifi-testacroce di cui una coppia di perni è sull'asse (y). (Fig. 39).

Serie $II^{(*)}_{(y0)}$. Glifi-manovelle e Glifi-testacroce di cui una coppia di perni è sull'asse (y). (Fig. 45).

III Modo di degenerazione

Serie di meccanismi $III_{(KK)}$, $III_{(Kx)}$.

Quando sia $R = \infty$ mentre S è di grandezza finita la (12) diventa:

$$r = S \cos \varphi$$

e cioè la cubica Λ degenera nell'asse (x) ed in un cerchio di diametro S che diremo K mentre Λ^* conserva la forma di cubica a cappio illustrata nel § 6.

Questo *Modo* di degenerazione è rappresentato nella Fig. 30.

Poichè inoltre: $R^* = + \rho_0$ la cubica Λ^* risulta osculata in Ω dal circolo dei flessi e non lo taglia ulteriormente.

Nessun punto di Σ^* descrive adunque una ondulazione, ed infatti dalla (35) § 14 si ha in questa ipotesi

$$\frac{d^2\psi}{d\sigma^2} = \frac{3}{\rho_0 S} = - \frac{d}{d\sigma}\left(\frac{1}{\rho_0}\right) = \text{cost.}$$

per tutti i punti del circolo dei flessi.

Il circolo K incontra invece il circolo delle cuspidi G_0 nel punto di cuspidazione A_{00}.

III(*) Modo di degenerazione

Serie di meccanismi $III^{(*)}_{(KK)}$, $III^{(*)}_{(Kx)}$

Quando sia $R^* = \infty$ mentre S è di grandezza finita la (12* diventa:

$$r^* = S \cos \varphi$$

e cioè la cubica Λ^* degenera nell'asse $(x)^*$ e in un cerchio di diametro S che diremo K^* mentre Λ conserva la forma di cubica a cappio illustrata nel § 6.

Questo *Modo* di degenerazione è rappresentato nella Fig. 30(*).

Poichè inoltre: $R = - \rho_0$. la cubica Λ risulta osculata in Ω del circolo delle cuspidi e non lo taglia ulteriormente.

Nessuna retta di Σ^* presenta dunque la singolarità della cuspidazione ed infatti dalla (35)* risulta in questa ipotesi che

$$\frac{d^2s'}{d\sigma^2} = \frac{3 \sin \varphi}{S} = -\rho_0 \sin \varphi \frac{d}{d\sigma}\left(\frac{1}{\rho_0}\right)$$

è una quantità di segno costante per tutti i punti del circolo delle cuspidi.

Il circolo K^* incontra invece il circolo dei flessi G_0^* nel punto di ondulazione A^*_{00}.

Quanto alle coppie principali osserviamo anzitutto, che annullandosi per entrambi i *Modi* il termine noto della (20) § 9 essa è per entrambi i *Modi* soddisfatta da $\operatorname{tg}\varphi = 0$, e quindi, come nei due *Modi* precedenti, *una delle coppie principali che indicheremo con* [1] *è sempre situata sull'asse* (x) *col punto mobile in* Ω *e il centro* A_1 *alla distanza* r_1. | *col centro fisso in* Ω *e il punto mobile* A_1^* *alla distanza* r_1^*.

Nessuna coppia principale è invece situata sull' asse (y) il quale non forma parte dei luoghi della curvatura stazionaria, onde le tre residue coppie [2] [3] [4] sono situate sui raggi individuati dai valori angolari $\varphi_2\ \varphi_3\ \varphi_4$ diversi da 90°,

ed i tre centri principali $A_2 A_3 A_4$ si trovano, in generale, sul circolo K.

ed i tre punti mobili principali A_2^* A_3^* A_4^* si trovano, in generale, sul circolo K*.

Procediamo ora, con metodo analogo a quello seguito pei *Modi* precedenti, a ricavare dalle (21) le coppie di relazioni caratteristiche di questo caso.

Ponendo nelle (21).

$$\operatorname{tg}\varphi_1 = 0 \quad R = \infty \quad R^* = \rho_0$$

la 2.ª di esse deve scriversi:

$$\operatorname{tg}\varphi_2 \operatorname{tg}\varphi_3 \operatorname{tg}\varphi_4 - \frac{S}{\rho_0} \text{Lim.} \frac{\cot\varphi_1}{R} = 0.$$

Ora se A_2 A_3 A_4 (od almeno uno di essi) sono su K, e quindi sono soddisfatte le (o almeno una delle) condizioni:

$$(44) \quad \frac{1}{S} = \frac{\cos\varphi_2}{r_2} = \frac{\cos\varphi_3}{r_3} = \frac{\cos\varphi_4}{r_4}$$

applicando la (15) alla coppia [1] e ad una delle tre rimanenti di cui il centro sia su K, si ottiene:

$$\text{Lim.} \frac{\cot\varphi_1}{R} = \frac{1}{r_1} - \frac{1}{S}$$

onde le (21) si scrivono:

$$(45) \quad \operatorname{tg}\varphi_2 + \operatorname{tg}\varphi_3 + \operatorname{tg}\varphi_4 - \frac{S}{\rho_0} = 0$$

$$(46) \quad \operatorname{tg}\varphi_2 \operatorname{tg}\varphi_3 \operatorname{tg}\varphi_4 + \frac{S}{\rho_0}\left(1 - \frac{S}{r_1}\right) = 0$$

le quali rappresentano la legge generale di ubicazione delle coppie principali nel *Modo* III di degenerazione.

Ponendo nelle (21):

$$\operatorname{tg}\varphi_1 = 0 \quad R^* = \infty \quad R = -\rho_0$$

la 2.ª di esse deve scriversi:

$$\operatorname{tg}\varphi_2 \operatorname{tg}\varphi_3 \operatorname{tg}\varphi_4 + \frac{S}{\rho_0} \text{Lim.} \frac{\cot\varphi_1}{R^*} = 0.$$

Ora se A_1^* A_2^* A_3^* (od almeno uno di essi) sono su K*, e quindi sono soddisfatte le (o almeno una delle) condizioni:

$$(44)^* \quad \frac{1}{S} = \frac{\cos\varphi_2}{r_2^*} = \frac{\cos\varphi_3}{r_3^*} = \frac{\cos\varphi_4}{r_4^*}$$

applicando la (15)* alla coppia [1] e ad una delle tre rimanenti di cui il punto mobile sia su K* si ottiene:

$$\text{Lim.} \frac{\cot\varphi_1}{R^*} = \frac{1}{r_1^*} - \frac{1}{S}$$

onde le (21) si scrivono:

$$(45)^* \quad \operatorname{tg}\varphi_2 + \operatorname{tg}\varphi_3 + \operatorname{tg}\varphi_4 + \frac{S}{\rho_0} = 0$$

$$(46)^* \quad \operatorname{tg}\varphi_2 \operatorname{tg}\varphi_3 \operatorname{tg}\varphi_4 - \frac{S}{\rho_0}\left(1 - \frac{S}{r_1^*}\right) = 0$$

le quali rappresentano la legge generale di ubicazione delle coppie principali nel *Modo* III(*) di degenerazione.

Rispetto alla scelta arbitraria di due delle coppie principali come note (perni di un meccanismo) non si possono evidentemente presentare che due casi, e cioè che la coppia [1] situata su (x) sia fra le coppie note, ovvero fra le incognite.

Ritenendo dunque note:
nel primo caso le coppie: [2] [4] e nel secondo le coppie: [1] [3], prendiamo a investigare e descrivere le corrispondenti serie di meccanismi, nonchè le proprietà che possono in ciascun caso competere alle due coppie incognite.

a) Perni in [2] [4]

dispositivo realizzato dalla *Serie* $III_{(KK)}$ (Fig. 46) la quale comprende:

a) una doppia infinità di *quadrilateri articolati* (a sei configurazioni diverse);

b) una semplice infinità di *glifimanovelle* (a tre configurazioni diverse).

Condizione necessaria e sufficiente perchè un dato meccanismo appartenga a queste serie è dunque che le perpendicolari alle manovelle nei perni fissi si incontrino sull'asse (*x*); e quindi (Fig. 46_A) che la P_2 P_4, e la linea dei perni fissi formino angoli eguali e simmetrici colle manovelle. (V. nel § 4 la determinazione degli assi).

dispositivo realizzato delle *Serie* $III^{(*)}_{(KK)}$ (Fig. 48) la quale comprende:

a) una doppia infinità di *quadrilateri articolati* (a sei configurazioni diverse);

b) una semplice infinità di *manovelle di spinta* (a tre configurazioni diverse).

Condizione necessaria e sufficiente perchè un dato meccanismo appartenga a queste serie è dunque che le perpendicolari alle manovelle nei perni mobili si incontrino sull' asse (*x*); e quindi (Fig. 48_A) che la P_2 P_4 e la biella formino angoli eguali e simmetrici colle manovelle (V. § 4).

Le configurazioni dei meccanismi di queste due serie potrebbero denominarsi *configurazioni circolari di 2.ª specie* ovvero *Configurazioni circolari su* K (*rispett.* K*).

Noti dunque φ_2 e φ_4 la (45) individua φ_3 e la (46) individua r_1 onde le coppie [1] [3] sono sempre reali.

Il punto mobile della coppia [1] che cade in Ω descrive dunque una falcata la quale può anche essere una iperfalcata di curvatura nulla [1]) quando il valore di r_1 fornito dalla (46) risulti infinitamente grande.

È anche ovvio che se le φ_2 e φ_4 sono scelte in modo che sia:

$$\mathrm{tg}\,\varphi_2 + \mathrm{tg}\,\varphi_4 - \frac{S}{\rho_0} = 0$$

Noti dunque φ_2 e φ_4 la (45)* individua φ_3 e la (46)* individua r_1^*, onde le coppie [1] [3] sono sempre reali.

(Gli enunciati correlativi contemplerebbero la inviluppata dal circolo mobile di centro A_1^* e raggio r_1^*, mentre il punto di Σ^* che cade in Ω descrive una cuspide ordinaria).

È anche ovvio che se φ_2 e φ_4 sono scelte in modo che sia:

$$\mathrm{tg}\,\varphi_2 + \mathrm{tg}\,\varphi_4 + \frac{S}{\rho_0} = 0$$

1) È invece facile di constatare che questa traiettoria non può essere una *Iperfalcata* di curvatura infinita, e cioè che non può essere $r_1 = 0$; ed infatti finchè *S* è di grandezza finita e l' asse (*y*) non appartiene ai luoghi della curvatura stazionaria le φ_2 e φ_4 devono essere diverse da 90.°

le (45) e (46) danno:

$$\varphi_3 = 0 \qquad r_1 = S$$

e quindi le coppie [1] e [3] coincidono sull'asse (x) col centro A_1 nel punto in cui K taglia (x), il quale deve infatti riguardarsi come un punto doppio di Λ degenerata.

Pseudo-cuspidazione

Se i perni di un quadrilatero articolato sono scelti su K in modo che sia

$$\text{(47)} \qquad \operatorname{tg}\varphi_2 + \operatorname{tg}\varphi_4 = 2\,\frac{S}{\rho_0}$$

la (45) ci dà:

$$\operatorname{tg}\varphi_3 = -\frac{S}{\rho_0}$$

e quindi il centro fisso della coppia [3] cade nel punto di cuspidazione A_{00} il quale diventa in tale ipotesi punto di pseudo-cuspidazione A_{000} per una retta g^*_{000} di Σ^*.

Fissato il valore di S esiste dunque una semplice infinità di quadrilateri articolati che godono di questa proprietà.

le (45)* e (46)* danno:

$$\varphi_3 = 0 \qquad r_1^* = S$$

e quindi le coppie [1] e [3] coincidono sull'asse (x) col punto mobile A_1^* nel punto in cui K* taglia (x), il quale deve in fatti riguardarsi come un punto doppio di Λ* degenerata.

Pseudo-ondulazione

Se i perni di un quadrilatero articolato sono scelti su K* in modo che sia

$$\text{(47)*} \qquad \operatorname{tg}\varphi_2 + \operatorname{tg}\varphi_4 = -2\,\frac{S}{\rho_0}$$

la (45)* dà

$$\operatorname{tg}\varphi_3 = +\frac{S}{\rho_0}$$

e quindi il punto mobile della coppia [3] cade nel punto di ondulazione A^*_{00} il quale diventa in tale ipotesi punto di pseudo-ondulazione A^*_{000}, secondo una retta g_{000} di Σ.

Fissato il valore di S esiste dunque una semplice infinità di quadrilateri articolati che godono di questa proprietà.

b) Perni in [1] [3]

dispositivo realizzato dalla

Serie $III_{(Kx)}$ (Fig. 47)

la quale è costituita dai meccanismi elementari di cui uno dei perni fissi è sulla linea dei due perni mobili (biella), nella quale ipotesi l' altro perno fisso si trova sull' asse (x).

Fissato il valore di S, la serie corrispondente comprende dunque:

a) Una doppia infinità di *quadrilateri articolati* (3 config.);

b) una semplice infinità di *glifimanovelle*;

dispositivo realizzato dalla

Serie $III^{(*)}_{(Kx)}$ (Fig. 49)

la quale è costituita dai meccanismi elementari di cui uno dei perni mobili è sulla linea dei due perni fissi, nella quale ipotesi l'altro perno mobile si trova sull' asse (x).

Fissato il valore di S, la serie corrispondente, comprende dunque:

a) una doppia infinità di *quadrilateri articolati* (3 config.);

b) una semplice infinità di *manovelle di spinta*;

c) Una semplice infinità di *manovelle di spinta* (3 config.);

d) un unico meccanismo del *glifotestacroce*.

i quali meccanismi sono sistematicamente illustrati nella Fig. 47.

Note dunque r_1 e φ_3 le due coppie incognite [2] [4] e cioè le φ_2 e φ_4 sono date dalle radici della

$$(48) \qquad \operatorname{tg}^2\varphi + \operatorname{tg}\varphi\left(\operatorname{tg}\varphi_3 - \frac{S}{\rho_0}\right) - \frac{S \cot \varphi_3}{\rho_0}\left(1 - \frac{S}{r_1}\right) = 0$$

le quali possono essere reali e distinte, coincidenti, o imaginarie.

È ovvio che se sia $r_1 = S$ la (48) è soddisfatta da $\varphi = 0$ onde una delle coppie incognite coincide colla [1] su (x) come fu precedentemente osservato.

Ciò può anche verificarsi per entrambe quando le radici della (48) sieno nulle, e cioè nella ipotesi:

$$r_1 = S + \rho_0 \cdot \operatorname{tg}\varphi_3$$

Se dunque A_1 è scelto nel punto in cui K taglia (x) e A_3 nel punto in cui K taglia il circolo dei flessi le due coppie incognite coincidono colla [1] su (x).

Pseudo-cuspidazione

Quando le coppie note [1] e [3] e cioè le r_1 e φ_3 siano scelte in modo che la (48) sia soddisfatta da:

$$\operatorname{tg}\varphi = -\frac{S}{\rho^0}$$

il centro fisso di una delle coppie incognite cade nel punto di cuspidazione A_{00} il quale diventa quindi punto di pseudo-cuspidazione A_{000} per una retta $\mathbf{g}^*_{000}$ di Σ.

c) una semplice infinità di *glifimanovelle* (3 config.);

d) un unico meccanismo del *glifotestacroce*

i quali meccanismi sono sistematicamente illustrati nella Fig. 49.

Note dunque r_1^* e φ_3 le due coppie incognite [2] [4] e cioè le φ_2 e φ_4 sono date dalle radici della

$$(48)^* \qquad \operatorname{tg}^2\varphi + \operatorname{tg}\varphi\left(\operatorname{tg}\varphi_3 + \frac{S}{\rho_0}\right) + \frac{S \cot\varphi_3}{\rho_0}\left(1 - \frac{S}{r_1^*}\right) = 0$$

le quali possono essere reali e distinte, coincidenti o imaginarie.

È ovvio che se sia $r_1^* = S$ la (48)* è soddisfatta da $\varphi = 0$ onde una delle coppie incognite coincide colla [1] su (x) come fu precedentemente osservato.

Ciò può anche verificarsi per entrambe quando le radici della (48)* siano nulle e cioè nella ipotesi:

$$r_1^* = S = -\rho_0 \cdot \operatorname{tg}\varphi_3$$

Se dunque A_1^* è scelto nel punto in cui K* taglia (x) e A_3^* nel punto in cui K* taglia il circolo delle cuspidi, le due coppie incognite coincidono colla [1] su (x).

Pseudo-ondulazione

Quando le coppie note [1] e [3] e cioè r_1^* e φ^3 siano scelte in modo che la (48)* risulti soddisfatta da:

$$\operatorname{tg}\varphi = +\frac{S}{\rho_0}$$

il punto mobile di una delle coppie incognite cade nel punto di ondulazione il quale diventa quindi punto di pseudo-ondulazione A^*_{000} secondo una retta $\mathbf{g}_{000}$ di Σ.

Affinchè ciò abbia luogo deve dunque verificarsi la:

$$(49)\qquad \frac{r_3}{r_1}\cos\varphi_3 + \frac{2r_3}{\rho_0}\sin\varphi_3 = 1$$

la quale implica il sistema di disuguaglianze:

$$r_1 > r_3 < \frac{1}{2}\rho_0$$

Affinchè ciò abbia luogo deve dunque verificarsi la:

$$(49)^*\qquad \frac{r_3^*}{r_1^*}\cos\varphi_3 - \frac{2r_3^*}{\rho_0}\sin\varphi_3 = 1$$

la quale implica il sistema di disuguaglianze:

$$r_1^* > r_3^* < \frac{1}{2}\rho_0$$

È infine ovvio che dalle formole qui esposte pei *Modi* III e III(*), si possono ricavare le formole dei *Modi* II e II(*), ponendo in esse $S = \infty$ e passando opportunamente al limite pelle quantità che si presentano di forma indeterminata.

CAPITOLO V.

DEGENERAZIONE IPERBOLICA DEI LUOGHI A Λ^*.

§ 16. I movimenti stazionari in generale.

Come abbiamo osservato nel § 1 quando le due polodie si osculano nel centro istantaneo e sia cioè: $\rho = \rho^*$
si ha necessariamente: $\rho_0 = \infty$
condizione la quale significa stazionarietà del movimento di Σ^*.

Diremo *stazionarietà completa* la stazionarietà del movimento di Σ^* che ha luogo quando Ω è situato a distanza finita; diremo invece *stazionarietà incompleta* o *stazionarietà di rotazione,* la stazionarietà che ha luogo quando Ω è situato a distanza infinita.

A) **Stazionarietà completa**.

Allorquando Ω è situato a distanza finita la condizione $\rho = \rho^*$ ovvero $\rho_0 = \infty$ significa *cessazione completa del movimento*, durante la quale ha luogo inversione del senso della rotazione di Σ^*, ed inversione nel senso della traslazione infinitesima di ciascun punto di Σ^*.

Ed infatti pelle (5) § 1, le traiettorie dei punti di Σ^*, quando $\rho_0 = \infty$ sono caratterizzate dalle relazioni:

$$\frac{ds}{d\sigma} = 0 \qquad \frac{d^2s}{d\sigma^2} = r^* \cdot \frac{d}{d\sigma}\left(\frac{1}{\rho_0}\right)$$

(50)

$$\frac{d\psi}{d\sigma} = \frac{\sin\varphi}{r^*} \qquad \frac{d^2\psi}{d\sigma^2} = \frac{\cos\varphi}{r^*}\left(\frac{1}{\rho^*} - \frac{2\sin\varphi}{r^*}\right) - \frac{d}{d\sigma}\left(\frac{1}{\rho_0}\right)$$

e quindi possiamo enunciare:

Tutti i punti di Σ^* descrivono cuspidi salvo i punti dell'asse (x) *i quali descrivono delle falcate* ($\frac{d\psi}{d\sigma}=\frac{ds}{d\sigma}=0$) *di cui i centri di curvatura non coincidono in* Ω, *essendo per esse* τ *in generale diverso da* r^*.

Il punto mobile che cade in Ω descrive invece una cuspidazione di 2° ordine, essendo pella sua traiettoria:

$$\frac{ds}{d\sigma}=\frac{d^2s}{d\sigma^2}=0 \quad , \quad \frac{d\psi}{d\sigma}=\text{Lim}\,\frac{\sin\varphi}{r^*}=\frac{1}{2\rho^*}$$

come è facile dimostrare. [1])

Quanto alle inviluppate dalle rette di Σ^* in ciascun punto A di Σ individuato dalle coordinate r e φ, le (6) § 1 danno le relazioni caratteristiche:

$$(51)\qquad \begin{aligned} &\frac{ds'}{d\sigma}=\sin\varphi \qquad && \frac{d^2s'}{d\sigma^2}=\cos\varphi\left(\frac{1}{\rho}-\frac{\sin\varphi}{r}\right)+r\,\frac{d}{d\sigma}\left(\frac{1}{\rho_0}\right) \\ &\frac{d\psi'}{d\sigma}=0 && \frac{d^2\psi'}{d\sigma^2}=\frac{d}{d\sigma}\left(\frac{1}{\rho_0}\right) \end{aligned}$$

dalle quali possiamo concludere:

In ciascun punto A di Σ la perpendicolare al raggio vettore inviluppa un fiesso fatta eccezione per l'asse (x) *nei punti del quale le perpendicolari all'asse medesimo inviluppano delle falcate* ($\frac{ds'}{d\sigma}=\frac{d\psi'}{d\sigma}=0$)

Anche l'asse (y) inviluppa in Ω una falcata di cui il raggio di curvatura è in generale di grandezza finita.

Un caso particolare notevole di movimento stazionario ha luogo quando le due polodie si osculano in Ω senza tagliarsi, ciò che si verifica quando sia

$$\rho=\rho^* \qquad \frac{d\rho}{d\sigma}=\frac{d\rho^*}{d\sigma}$$

nella quale ipotesi si ha evidentemente:

$$\frac{d}{d\sigma}\left(\frac{1}{\rho_0}\right)=-\frac{1}{\rho^{*2}}\cdot\frac{d\rho^*}{d\sigma}+\frac{1}{\rho^2}\cdot\frac{d\rho}{d\sigma}=0$$

e quindi le (50) e (51) diventano:

$$(50)^{\text{bis}}\qquad \left\{\begin{aligned} &\frac{ds}{d\sigma}=0 && \frac{d^2s}{d\sigma^2}=0 \\ &\frac{d\psi}{d\sigma}=\frac{\sin\varphi}{r^*} && \frac{d^2\psi}{d\sigma^2}=\frac{\cos\varphi}{r^*}\left(\frac{1}{\rho^*}-\frac{2\sin\varphi}{r^*}\right) \end{aligned}\right.$$

---

[1]) Si può anche enunciare dunque:

Se due punti di una figura piana Σ^* descrivono cuspidi tutti i punti di Σ^* descrivono cuspidi, salvo un punto Ω^* che descrive una cuspidazione, ed i punti di una retta per Ω che descrivono dalle falcate etc.

$$(51)^{bis} \qquad \frac{d\psi'}{d\sigma} = 0 \qquad \frac{d^2\psi'}{d\sigma^2} = 0$$

onde possiamo concludere:

1) Tutti i punti di Σ^* descrivono delle cuspidazioni, salvo i punti dell'asse (x) che descrivono degli iperflessi, mentre il punto mobile che cade nel centro istantaneo Ω descrive una cuspidazione di 3° ordine (o pseudo-cuspidazione).

2) In ciascun punto di Σ la perpendicolare al raggio vettore inviluppa una ondulazione, fatta eccezione per l'asse (x) nei punti dal quale le perpendicolari all'asse medesimo inviluppano delle ipercuspidi.

In questo caso speciale adunque ha luogo stazionarietà senza inversione nel senso della rotazione di Σ^*, o della traslazione infinitesima di ciascuno suo punto.

Non crediamo opportuno dilungarci ulteriormente intorno a questi casi di stazionarietà che presentano un interesse meramente teoretico.

B) **Stazionarietà di rotazione.**

Assai più importante pella cinematica dei meccanismi è invece il caso di movimento stazionario che ha luogo quando le polodie si osculano in un punto a distanza infinita ($\rho = \rho^* = \infty$) con due rami assintotici a una medesima retta (asse (x)), il qual caso è realizzato dalle bielle di una triplice infinità di notissimi meccanismi (meccanismi a manovelle parallele).

Questo caso di movimento stazionario può in generale risolversi come caso limite della legge di curvatura con una investigazione di limiti, che, in un certo senso, consiste nell'estendere a regioni finite di Σ o Σ^* le leggi che quando Ω sia a distanza finita, competono soltanto a una regione di dimensioni infinitesime.

Ed infatti se nella trasformazione quadratica o legge di curvatura Fig. 4, noi supponiamo ρ_0 grandissimo, tanto grande che la larghezza della zona racchiusa fra G_0 e G_0^* a una certa distanza da Ω riesca trascurabile, e consideriamo quivi un'area di cui la dimensione perpendicolare a (x) sia molto piccola rispetto alla distanza dell'area medesima da Ω, è chiaro che dentro detta area le leggi della curvatura delle traiettorie differiranno pochissimo da quelle che devono competere al caso in cui Ω è situato a distanza infinita.

È chiaro inoltre che pei punti della regione considerata la quantità $\pm\rho_0 \sin\varphi_i$ (lunghezza del raggio vettore da Ω ai circoli dei flessi o delle cuspidi) deve ritenersi grandissima rispetto alle r_i r_i^*, le quali sono tuttavia grandissime rispetto alla distanza finita y_i dei punti della regione considerata dall'asse (x), la qual distanza deve essere al limite:

$$y_i = \text{Lim. } r_i \sin\varphi_i = \text{Lim. } r_i^* \sin\varphi_i.$$

Noi potremo dunque ricavare le leggi del caso in cui Ω è all' ∞, dalla legge generale di curvatura supponendo che, mentre la $\mathfrak{r} = r - r^*$ si mantiene di grandezza finita, le r ed r^* diventano infinitamente grandi, e la $\rho_0 \sin\varphi$ infinitamente grande rispetto alle r ed r^*, pur essendo l'angolo φ ultimamente eguale a zero.

Ciò significa che ρ_0 *deve al limite riguardarsi come una grandezza dell' ordine di* r^3 *e* r^{*3}.

A questa stessa conclusione noi possiamo giungere mediante le formole generali del movimento di Σ^* introducendo in esse in luogo dell'arco infinitesimo $d\sigma$ un arco infinitamente grande che indicheremo col simbolo σ_∞, e passando convenientemente ai valori limiti.

È anzitutto evidente che allontanandosi Ω sull' asse (x) le r ed r^* crescono come σ onde possiamo ritenere al limite: $\text{Lim.} \frac{\sigma_\infty}{r} = \text{Lim.} \frac{\sigma_\infty}{r^*} = 1$.

La espressione dell' arco ds della traiettoria descritta da un punto di Σ^* deve dunque scriversi:

$$(52) \qquad ds = \text{Lim} \frac{r^*}{\rho_0} \sigma_\infty = \text{Lim} \frac{\sigma_\infty^2}{\rho_0}$$

e poichè nel movimento della biella Σ^* di un meccanismo a manovelle parallele la traiettoria di un punto qualunque A^* non presenta alcuna speciale singolarità onde l' arco ds deve essere una quantità infinitamente piccola di 1° ordine, così si può concludere dalla (52) che ρ_0 deve essere una quantità infinitamente grande dell' ordine di σ_∞^3 o di r^3.

Ciò è anche confermato dalle equazioni differenziali intrinseche delle polodie, le quali pegli archi assintotici devono scriversi:

$$\text{Lim}\, \rho\, d\tau = \text{Lim}\, \rho^*\, d\tau^* = \sigma_\infty$$

e poichè il punto all' ∞ del ramo assintotico di una curva è sede di una singolarità di curvatura nulla, onde $d\tau$ e $d\tau^*$ devono riguardarsi come infinitesimi di 2° ordine, così si può concludere dalle relazioni precedenti che ρ e ρ^* (e quindi anche ρ_0) devono riguardarsi come quantità infinitamente grandi dell'ordine di σ_∞^3.

La espressione dell' angolo di contingenza $d\psi$ della traiettoria di un punto A^* di Σ^* deve dunque scriversi:

$$(53) \qquad d\psi = \text{Lim} \left(\frac{\sin\varphi}{r^*} - \frac{1}{\rho_0} \right) \sigma_\infty = \text{Lim} \frac{\sigma_\infty \sin\varphi}{\sigma_\infty} = \frac{y}{\sigma_\infty}$$

Dalle (52) e 53) otteniamo dunque pel raggio di curvatura della traiettoria di A^*

$$(54) \qquad \mathfrak{r} = \frac{ds}{d\psi} = \text{Lim} \frac{\frac{\sigma_\infty^3}{\rho^*} - \frac{\sigma_\infty^3}{\rho}}{\sigma_\infty \sin\varphi} = \frac{k^* - k}{y} = \frac{k_0}{y}$$

mediante le posizioni:

$$\text{Lim}\,\frac{\sigma_\infty^3}{\rho^*} = k^* \qquad \text{Lim}\,\frac{\sigma_\infty^3}{\rho} = k$$

(55)

$$k^* - k = k_0$$

nelle quali i parametri k k^* k_0 sono grandezze finite che rappresentano delle aree.

La relazione (54) definisce la nota legge di curvatura delle traiettorie dei punti di Σ^* nella ipotesi che Ω sia a distanza infinita, legge alla quale, considerandola come una corrispondenza univoca dei punti A di Σ ai punti A^* di Σ^* daremo il nome di *trasformazione parallela.*

Riservandoci di dare nel § seguente, colla determinazione dei parametri k k^*, una dimostrazione più concreta della (54), ci limitiamo ora ad osservare che, mentre le traiettorie dei punti di Σ^* non presentano alcuna singolarità, tutte le rette di Σ^* inviluppano invece delle singolarità stazionarie nei punti della retta all' ∞ ovvero nei punti dell' asse (x).

Si ha infatti pelle inviluppate dalle rette di Σ^*, applicando le (6) § 1 a questo caso limite:

(56)
$$\begin{cases} d\psi = d\omega = \text{Lim}\,\dfrac{\sigma_\infty}{\rho_0} = 0 \text{ in ogni caso} \\ ds' = \text{Lim}\left(\dfrac{\sigma_\infty^2}{\rho_0} + \sigma_\infty \sin\varphi'\right) \end{cases}$$

indicando con φ' l' angolo che una retta qualunque **g*** forma colla normale all' asse (x).

Dalle (56) si ricava inoltre:

$$\mathfrak{r}' = \frac{ds}{d\psi'} = \text{Lim}\left(\sigma_\infty + \sigma^0 \sin\varphi'\right) = \infty \text{ (in ogni caso)}$$

Se dunque φ' è diverso da zero la 2^a (56) ci dà evidentemente: $ds = \infty$ e quindi possiamo enunciare: *una retta qualunque di Σ^* è l'assintoto della propria inviluppata* [1]) *e cioè inviluppa una singolarità situata all'* ∞; in tale ipotesi soltanto potendo ds' essere un arco di grandezza infinita.

Quando sia invece $\varphi' = 0$ e cioè pelle rette perpendicolari all'asse (x), l' arco inviluppato ds' è situato su (x) ed è una grandezza infinitamente piccola di 1° ordine (dell' ordine di ds) onde possiamo enunciare: *le rette perpendicolari all' asse (x) inviluppano nei punti di (x) delle singolarità di curvatura nulla pelle quali il movimento della retta inviluppante è stazionario.*

Queste singolarità (V. Introduz.) sono in generale dei flessi, ma possono essere anche la 1^a iperfalcata di curvatura nulla o la 1^a iperondulazione, come dimostreremo nei §§ successivi.

---

[1]) Questo enunciato ed i successivi possono verificarsi graficamente col movimento della biella di un quadrilatero articolato a manovelle parallele.

§ 17. La trasformazione parallela e i meccanismi elementari in configurazione parallela.

Il procedimento adoperato nel § precedente per giungere alla equazione 54 che definisce la legge di curvatura pel caso in cui Ω è situato a distanza infinita trasformazione parallela può sembrare non del tutto soddisfacente e persuasivo. Poichè d'altronde lo studio dei meccanismi elementari in configurazione parallela esige la determinazione dei parametri k e k^* i quali definiscono come vedremo, i luoghi della curvatura stazionaria, così noi riprenderemo l'argomento ex-novo prescindendo affatto dalle investigazioni generali esibite nel § precedente e dimostreremo direttamente il teorema fondamentale:

Quando un meccanismo elementare si deforma in modo che le manovelle tendono a diventare parallele, onde Ω si allontana all'∞. i parametri R R* S *tendono a diventare infinitamente grandi e precisamente:*

I.° *Il parametro* S *assume un valore infinitamente grande dell'ordine di r ed r^* in modo che si può ritenere:* $\text{Lim}\,\frac{S}{r} = \text{Lim}\,\frac{S}{r^*} = 1.$

II.° *I parametri* R *ed* R* *assumono valori infinitamente grandi dell'ordine di r^3 od r^3 in modo che si può ritenere:*

$$\text{Lim}\,\frac{S^3}{R} = k \qquad\qquad \text{Lim}\,\frac{S^3}{R^*} = k^*$$

essendo k e k^* due quantità di grandezza finita.

Abbiamo in fatti dalla (16) § 8:

$$\text{Lim}\,.\,\frac{r}{S} = \text{Lim}\,.\,\frac{\frac{r^2}{r_1^2}\,r_1 \sin\varphi_1 - \frac{r^2}{r_2^2}\,r_2 \sin\varphi_2}{\frac{r}{r_1}\,r_1 \operatorname{tg}\varphi_1 - \frac{r}{r_2}\,r_2 \operatorname{tg}\varphi_2}$$

e poichè evidentemente:

$$\text{Lim.}\,\frac{r}{r_i} = 1 \qquad\qquad \text{Lim}\,.\,r_i \sin\varphi_i = \text{Lim}\,.\,r_i \operatorname{tg}\varphi_i = y_i$$

nelle quali y_i è una grandezza finita essendo la posizione limite di (x) l'assintoto comune [1]) alle due polodie che si toccano all'∞, così la precedente dà:

$$\text{Lim}\,.\,\frac{r}{S} = \frac{y_1 - y_2}{y_1 - y_2} = 1$$

la quale dimostra l'enunciato I.°

[1]) Rispetto alla posizione limite dell'asse (x) vedi la dimostrazione elementare più innanzi.

Con metodo analogo dalle (15) e (16) del § 8, e notando che:

$$\text{Lim.}\, r_{,} \sin(\varphi_2 - \varphi_1) = y_2 - y_1$$

possiamo dimostrare che:

$$(55)^{\text{bis}} \begin{cases} \text{Lim.}\, \dfrac{S^3}{R} = \dfrac{r_1 - r_2}{\dfrac{1}{y_1} - \dfrac{1}{y_2}} = \text{poniamo} = k \\ \text{Lim.}\, \dfrac{S^3}{R^*} = \dfrac{r_1^* - r_2^*}{\dfrac{1}{y_1} - \dfrac{1}{y_2}} = \text{poniamo} = k^* \end{cases}$$

essendo evidentemente k e k^* due quantità di grandezza finita (ovviamente due aree); è così dimostrato l' enunciato II.°

La trasformazione parallela.

Procediamo ora ad applicare i risultati precedenti alla investigazione della legge di curvatura delle traiettorie dei punti della Σ^* connessa alla biella di un meccanismo elementare in configurazione parallela.

Scrivendo la equazione generale della curvatura (3) (v. § 1) nella forma:

$$\left(\frac{1}{r^*} - \frac{1}{r}\right) \sin\varphi = \frac{1}{R^*} - \frac{1}{R}$$

moltiplicandone i due membri per S^3, e passando ai limiti pel caso di Ω all' ∞:

$$\text{Lim.}\, \frac{S}{r} \cdot \frac{S}{r^*} (r - r^*)\, S \sin\varphi = \text{Lim.}\, \frac{S^3}{R^*} - \text{Lim.}\, \frac{S^3}{R}$$

la quale tenuto conto del teorema precedente e delle $(55)^{\text{bis}}$, mediante le posizioni:

$$r - r^* = \mathfrak{r} \qquad\qquad k^* - k = k_0$$

possiamo scrivere nella forma;

(54) $$\mathfrak{r}\, y = k_0$$

e coincide identicamente colla (54) del § precedente.

Diremo k_0 il *parametro della trasformazione parallela.*

Se dunque il movimento elementare di Σ^* è determinato dalla biella di un quadrilatero articolato (Fig. 51) a manovelle parallele di lunghezze $\mathfrak{r}_1$ e $\mathfrak{r}_2$ la (54) dà:

$$\mathfrak{r}_1\, y_1 = \mathfrak{r}_2\, y_2$$

la quale dimostra che l' asse (x) è la parallela alle manovelle passante pel punto simmetrico di O rispetto alle manovelle medesime.

L' importanza della equazione fondamentale (54) ci induce ad illustrarla ulteriormente con una dimostrazione [1]) di carattere più elementare

---

[1]) La legge di curvatura delle traiettorie dei punti di Σ^* pel caso del quadrilatero articolato a manovelle parallele è trattata con questo metodo elementare dal Burmester (Lehrbuch der Kinematik. — 1886. — Vol. I. Pag. 101).

la quale non è in sostanza che un caso particolare della precedente investigazione di limiti.

Abbiasi un quadrilatero articolato $A_1 A_1^* A_2 A_2^*$ a manovelle parallele (Fig. 51) e sia rappresentata in $A_1 A_1^{*'} A_2 A_2^{*'}$ una configurazione del quadrilatero stesso molto prossima alla parallela, in modo che Ω si trovi molto lontano a distanza finita (Fig. 50).

Per questa seconda configurazione è noto che l' asse (x) è la retta per Ω che forma con $\mathbf{a}_1$ un angolo eguale a quello che l' asse di collineazione $\Omega\, O$ forma con $\mathbf{a}_2$.

Movendosi ora la biella dalla posizione $A_1^{*'} A_2^{*'}$ verso la posizione $A_1^* A_2^*$ è ovvio che la ordinata y_1 di A_1 tende a diventare eguale alla distanza di O da $\mathbf{a}_2$ mentre l' asse (x) tende a disporsi parallelo alle manovelle. La posizione limite di (x) nella configurazione parallela (Fig. 51) è dunque la retta parallela alle manovelle che dista da $\mathbf{a}_1$ quanto O dista da $\mathbf{a}_2$, ciò che conferma l' enunciato implicito nella (54).

Con ragionamento analogo possiamo inoltre estendere alla trasformazione parallela le costruzioni prospettiche del § 3 per la determinazione di coppie di punti corrispondenti $A\ A^*$, costruzioni di ovvia semplicità che sono rappresentate nelle Fig. 50 e 51.

Riassumiamo infine nei seguenti enunciati le proprietà caratteristiche della trasformazione parallela, le quali si ricavano facilmente dalla (54).

1.° — *Le traiettorie di tutti i punti di Σ^* sono perpendicolari a (x), il rispettivo raggio di curvatura decrescendo inversamente alla ordinata y, onde tutti i punti di una stessa parallela a (x) descrivono traiettorie di egual curvatura.*

2.° — *I punti situati da parti opposte dell' asse (x) descrivono traiettorie la cui curvatura è rivolta in senso contrario.*

3.° — *I punti situati sull' asse (x) descrivono traiettorie di curvatura nulla* (in generale flessi) *secondo direzioni perpendicolari ad (x).*

Quanto alle inviluppate dalle rette di Σ^* valgono i principi enunciati alla fine del § precedente che riassumiamo:

Le rette di Σ^* sono in generale assintoti dalle proprie inviluppate, salvo le perpendicolari all' asse (x) le quali inviluppano delle singolarità di curvatura nulla (in generale flessi) *nei punti di (x).*

Anche nel caso della trasformazione parallela possiamo distinguere col segno $\mp$ le due regioni in cui il piano è diviso dall'asse (x), osservando però che l'attribuzione di uno dei due segni è, in un certo senso arbitraria, e dipende dal senso arbitrariamente assunto come positivo per (x).

Coniche $\lambda\ \lambda^*$.

Le proprietà dimostrate nel § 2. pella trasformazione quadratica, e relative alla corrispondenza fra le coniche Γ e Γ^* nonchè fra le rette di

Σ ovvero di Σ^* e le coniche Γ_g^* ovvero Γ_g, sono identicamente estensibili alla trasformazione parallela secondo gli enunciati seguenti, i quali risultano immediatamente dalla (54) ma possono anche ricavarsi indipendentemente per considerazioni sintetiche di limiti.

I punti di Σ^* situati su una iperbole λ^* di cui l'asse (x) sia uno degli assintoti, descrivono traiettorie i cui centri di curvatura sono situati su una iperbole λ la quale ha i medesimi assintoti.

I punti di Σ^* situati su una retta g descrivono traiettorie i cui centri di curvatura sono su una iperbole λ_g di assintoti (x) e g*.*

I punti di Σ situati su una retta g sono centri di curvatura delle traiettorie di punti situati su una iperbole λ_g^* di assintoti (x) e g.

Osserviamo infine che la trasformazione parallela può concepirsi come la rappresentazione prospettica di un cilindro di 2.° grado, fatta su un suo piano tangente da un punto situato sulla superficie del cilindro, come centro di proiezione.

Il piano tangente al cilindro secondo la generatrice che contiene il centro di proiezione, segna sul piano tangente di proiezione l'asse (x) etc. etc.

Questa rappresentazione prospettica non semplifica però in alcun modo lo studio della trasformazione parallela, le cui leggi risultano più facilmente dalla (54).

Meccanismi elementari

È anzitutto necessario osservare che soltanto i meccanismi elementari delle prime tre famiglie (V. § 4) possono trovarsi in configurazione parallela, mentre pei meccanismi delle rimanenti tre famiglie la ipotesi che Ω sia distanza infinita ridurrebbe il movimento della biella a una semplice traslazione.

Ed infatti data la legge di curvatura e cioè dato l'asse (x) e il parametro k_0 della trasformazione parallela, noi possiamo formare tutti i possibili meccanismi elementari pei quali Ω è all'∞, scegliendo ad arbitrio due punti di Σ^* a funzionare da perni della biella ed i centri di curvatura delle rispettive traiettorie a funzionare da perni fissi, colla sola evidente limitazione che i due punti di Σ^* (perni mobili) non vengano scelti entrambi su una retta parallela ad (x) e neppure su (x).

I due perni di una delle manovelle $A_i\, A_i^*$ devono dunque trovarsi a distanza finita ciò che limita alle tre prime famiglie i possibili meccanismi in configurazione parallela.

Noi possiamo infatti scegliere ad arbitrio:

1.° le due coppie di perni nella regione finita esterna a (x), ed otteniamo il meccanismo del *quadrilatero articolato a manovelle parallele;*

2.° una coppia di perni fuori di (x) ed il perno mobile dell'altra coppia su (x), ed otteniamo il meccanismo della *manovella di spinta in configurazione parallela;*

3.º una coppia di perni fuori di (x) ed il perno fisso dell'altra coppia su (x), ed otteniamo il meccanismo del *glifo-manovella in configurazione parallela.*

È ovvio infatti che nella trasformazione parallela ad un punto qualunque di (x) concepito come appartenente sia a Σ che a Σ^* corrisponde sempre il punto all'∞ di (x) medesima.

Queste tre famiglie di meccanismi sono rappresentate in diverse configurazioni sulla Fig. 52. Attribuendo un segno $\mp$ arbitrario all'asse della trasformazione parallela possiamo inoltre enunciare:

1.º *Il quadrilatero articolato* può presentare tre configurazioni diverse e cioè (Fig. 52): a manovelle di senso eguale e positivo;
« » » e negativo;
« di sensi contrarii;
tra le due prime non essendovi in realtà che una differenza di posizione (rotazione di 180º).

2.º *La manovella di spinta* e

3.º *Il glifo-manovella* possono entrambi presentare due configurazioni diverse e cioè: a manovella di senso positivo;
» » » negativo;

Le quali sono rappresentate entrambe sulla Fig. 52, ed in realtà non differiscono fra loro che di posizione (rotazione di 180º).

I meccanismi che si possono formare con questa scelta arbitraria di perni nella trasformazione parallela, costituiscono una triplice infinità, la quale, fatta astrazione dalla scala delle grandezze (e cioè dal valore di k_0) comprende evidentemente tutti i possibili meccanismi in configurazione parallela.

Ed infatti un simile meccanismo è determinato quando siano note le distanze y_1 y_2 delle manovelle da (x), e la distanza relativa contata nella direzione di (x) fra un perno della manovella [1] e un perno della manovella [2], ciò che implica la possibilità di soddisfare a tre condizioni arbitrarie.

È ovvio che in questi enunciati si considera come meccanismo unico. ogni semplice infinità di meccanismi eguali di cui i perni sono situati su due parallele ad (x) e le bielle parallele fra loro.

§ 18. Luoghi $\lambda\lambda^*$ della curvatura stazionaria. — Coppie principali.

Secondo il *Teorema* del § 17 quando un quadrilatero articolato si deforma avvicinandosi alla configuraz. parallela i parametri R, R*, S diventano infinitamente grandi mentre i loro rapporti soddisfano le:

$$\text{Lim}\,\frac{S}{R} = \text{Lim}\,\frac{S}{R^*} = 0$$

e poichè questi rapporti esprimono le tangenti trigonometriche degli angoli che gli assintoti delle cubiche $\Lambda\Lambda^*$ formano coll' asse (x), così possiamo dedurre che allontanandosi Ω a distanza infinita, gli assintoti di Λ e Λ^* tendono a disporsi paralleli all'assc (x) od a coincidere coll'asse medesimo, il quale al limite risulta tangente alle due curve in un punto a distanza infinita (il punto Ω).

È evidente altresì che i rami di Λ e Λ^* tangenti in Ω all' asse (y) tendono, col crescere di S, a confondersi coll'asse (y), mentre l' asse medesimo, tende a confondersi colla retta all' ∞, onde parrebbe lecito concludere che, al limite, i luoghi Λ e Λ^* devono scindersi ciascuno nella retta all' ∞ e, necessariamente, in una conica la quale ammettendo un assintoto deve essere una iperbole.

Indicheremo queste iperboli coi simboli λ e λ^*.

L'enunciato precedente sarebbe in armonia colle leggi generali della trasformazione parallela in cui ai punti situati su una iperbole che ha (x) per assintoto corrispondono punti situati su analoga iperbole mentre i punti della retta all' ∞ corrispondono a se medesimi; ma la dimostrazione esibita, più che altro induttiva, non può riguardarsi come sufficiente, e deve venir suffragata da una più rigorosa ricerca analitica la quale, confermando l'enunciato precedente, ci dimostrerà che λ e λ^* sono iperboli equilatere.

Adoperiamo all'uopo l'equazione di Λ nella forma (12) § 6, la quale, trasportando l'origine da Ω in un punto dell'asse (x) *che al limite rimanga a distanza finita* col porre $x + S$ in luogo di x (onde la x si riguarderà al limite come una grandezza finita) scriviamo nella forma:

$$\frac{(x+S)^2+y^2}{S^2}\cdot\left(\frac{x+S}{S}\cdot\frac{S^3}{R}+Sy\right)=(x+S)\,y$$

cioè, riducendo e passando al limite:

$$\text{Lim}\frac{(x+S)^2+y^2}{S^2}\cdot\frac{x+S}{R}\cdot\frac{S^2}{R}+\text{Lim}\frac{x^2+y^2}{S}\cdot y+xy=0$$

dalla quale tenuto conto delle (46) e notando che:

$$\text{Lim}\frac{(x+S)^2+y^2}{S^2}=\text{Lim}\frac{x+S}{S}=1 \qquad \text{Lun}\,\frac{x^2+y^2}{S}=0$$

si ottiene pel luogo λ l'equazione:

$$xy + k = 0 \tag{57}$$

e analogamente pel luogo λ^*:

$$x^* y + k^* = 0 \tag{57*}$$

Le (57) e (57)* dimostrano adunque che i luoghi $\lambda \lambda^*$ sono due iperboli equilatere corrispondenti nella trasformazione parallela, e ci dànno la interpretazione cinematica dei parametri k e k^* la cui differenza è il parametro k_0 della trasformazione medesima.

Dato un quadrilatero articolato $A_1\ A_1^*\ A_2\ A_2^*$ (Fig. 53) i luoghi della curvatura stazionaria $\lambda \lambda^*$ sono dunque le iperboli equilatere che passano rispettivamente per $A_1\ A_2$ e per $A_1^*\ A_2^*$ ed hanno inoltre l'asse (x) per comune assintoto.

Il secondo assintoto comune (asse (y)) è dunque evidentemente la perpendicolare all'asse (x) passante per O_{12}, ciò che risulta senz'altro da una elementare proprietà dell' iperbole.

Assunte due simili iperboli equilatere come luoghi della curvatura stazionaria, la corrispondente *Serie di meccanismi equivalenti* (v. § 8) è dunque esclusivamente costituita da quadrilateri articolati (duplice infinità); e solo allorquando per effetto di ulteriore degenerazione l'asse (x) venga a formar parte di uno dei luoghi λ ovvero λ^* potranno comprendersi nella Serie equivalente i meccanismi della manovella di spinta e del glifo-manovella, come vedremo nel § 19.

È infine degna di nota la correlazione esistente fra le formole e parametri che definiscono le leggi della curvatura stazionaria in questo caso, e le formole e parametri del caso generale.

Ed infatti come, nel caso generale, sottraendo le equazioni (12) e (12)* dei luoghi $\Lambda\,\Lambda^*$ si ottiene la equazione generale (3) della trasformazione quadratica, così nel caso presente sottraendo le equazioni (57) e (57)* dai luoghi λ e λ^* e notando che:

$$x - x^* = r - r^* = \mathfrak{r}$$

si ottiene evidentemente la equazione (54) della trasformazione parallela.

Parimenti è ovvia la correlazione esistente fra la

$$\frac{1}{R^*} - \frac{1}{R} = \frac{1}{\rho_0}$$

per cui il parametro della trasformazione quadratica è esibito come differenza dei parametri della curvatura stazionaria, e la:

$$k^* - k = k_0$$

pella quale analoga definizione può enunciarsi pel parametro della trasformazione parallela.

Le coppie principali.

Quando due delle coppie principali siano conosciute (perni di un meccanismo elementare) la determinazione delle due coppie incognite può farsi, come nel caso generale, mediante le equazioni (21) § 10 opportunamente trasformate applicandovi la investigazione di limiti del § 17.

Moltiplicando la 1ª (21) per S e la 2ª (21) per S^4, abbiamo:

$$S \operatorname{tg} \varphi_1 + S \operatorname{tg} \varphi_2 + S \operatorname{tg} \varphi_3 + S \operatorname{tg} \varphi_4 = \frac{S^2}{R} + \frac{S^2}{R^*}$$

$$S \operatorname{tg} \varphi_1 \times S \operatorname{tg} \varphi_2 \times S \operatorname{tg} \varphi_3 \times S \operatorname{tg} \varphi_4 = \frac{S^3}{R} \times \frac{S^3}{R^*}$$

dalle quali passando ai limiti, tenuto conto delle $(55)^{bis}$ e notando che:

$$\text{Lim } S \operatorname{tg} \varphi_i = y_i$$

otteniamo:

$$y_1 + y_2 + y_3 + y_4 = 0 \tag{58}$$

$$y_1\, y_2\, y_3\, y_4 = k\, k^* \tag{59}$$

relazioni fondamentali pella risoluzione del problema.

È opportuno inoltre notare che le (57) e $(57)^*$ ci dànno i sistemi di relazioni

$$(60)\quad \begin{cases} x_1\, y_1 + k = 0 \\ x_2\, y_2 + k = 0 \\ x_3\, y_3 + k = 0 \\ x_4\, y_4 + k = 0 \end{cases} \qquad (60)^*\quad \begin{cases} x_1^*\, y_1 + k^* = 0 \\ x_2^*\, y_2 + k^* = 0 \\ x_3^*\, y_3 + k^* = 0 \\ x_4^*\, y_4 + k^* = 0 \end{cases}$$

Una importante proprietà si ricava dalla (58) rispetto al gruppo dei sei punti O_{ij} relativi alle combinazioni binarie delle quattro coppie principali, gruppo di punti che è evidentemente situato sull'asse (y).

Da quanto fu esposto nel § 17 è chiaro che $y_1 + y_2$ è la ordinata di O_{12} e parimenti $y_3 + y_4$ è la ordinata di O_{34}, onde perchè sia soddisfatta la (58) devono i punti O_{12} e O_{34} essere simmetricamente disposti rispetto all'asse (x), e parimenti devono esserlo O_{13} e O_{24} come pure O_{14} O_{23} (Figura 53).

Possiamo dunque enunciare:

I sei punti O_{ij} relativi alla quaderna delle coppie principali sono simmetricamente disposti sull'asse (y) da una parte e dall'altra dell'origine.

Se dunque supponiamo date le coppie [1] [2] il punto simmetrico di O_{12} ci da O_{34} e notando che la 59 può scriversi:

$$y_3\, y_4 = x_1\, x_2^* = x_1^*\, x_2$$

la determinazione di y_3 e y_4 può farsi graficamente dividendo l'ordinata di O_{34} in due segmenti di cui il rettangolo sia (in grandezza e segno) eguale a $x_1\, x_2^*$ o $x_1^*\, x_2$, ciò che analiticamente può esprimersi dicendo che le y_4 e y_4 sono le radici della equazione:

$$y^2 + y\,(y_1 + y_2) + x_1\, x_2^* = 0$$

le quali si presentano reali e distinte, coincidenti o imaginarie secondo che:

$$(y_1 + y_2)^2 \gtreqless 4\, x_1\, x_2^*.$$

La determinazione dalle coppie incognite può anche farsi approfittando di una interessante proprietà delle coppie di punti O_{ij} conjugati, come sono p. e. O_{12} e O_{34}.

Ed infatti se supponiamo dati i luoghi $\lambda\,\lambda^*$ e fissati i punti simmetrici O_{12} O_{34} (vedasi la Fig. 53) è chiaro che la (59) stabilisce una corrispondenza univoca fra i fasci di centri O_{12} e O_{34}, nel senso che ad un raggio per O_{12} che incontra λ in A_1 A_2, corrisponde un raggio per O_{34} che incontra λ in A_3 A_4.

Ora è facile dimostrare che questi fasci sono proiettivi colla legge semplicissima che due raggi corrispondenti tagliano su (x) a partire dall'origine due segmenti il cui prodotto è costante. Questi segmenti sono infatti rispettivamente eguali a $x_1 + x_2$ e $x_3 + x_4$, ed è facile mostrare che:

$$(x_1 + x_2)(x_3 + x_4) = \frac{k}{k^*}(y_1 + y_2)^2 = \text{costante}.$$

Se dunque il raggio per O_{34} taglia, tocca, o non tocca l'iperbole λ le coppie [3] [4] sono reali e distinte, coincidenti o imaginarie.

Rispetto alla ubicazione delle coppie principali osserviamo che, quando esse siano tutte e quattro reali, la (59) non potrebbe essere soddisfatta se le quattro y_i fossero del medesimo segno, e quindi le coppie principali non possono essere situate tutte e quattro da una stessa parte di (x). Si possono dunque presentare due casi, e cioè:

1.° Se k e k^* sono dello stesso segno e quindi le iperboli $\lambda\,\lambda^*$ si trovano entro i medesimi quadranti, la (59) mostra che due delle y_i devono essere positive e due negative. Le coppie principali sono dunque situate due da una parte e due dall'altra dell'asse (x) come è rappresentato nella Fig. 53 a sinistra.

2.° Se invece k e k^* sono di segni contrarii e quindi le iperboli $\lambda\lambda^*$ si trovano nei quadranti adiacenti, la (59) mostra che tre delle y_i devono essere di segno opposto al segno della rimanente. Le coppie principali sono dunque in questo caso situate tre da una stessa parte dell'asse (x) ed una dalla parte opposta, come è rappresentato nella Fig. 53 a destra.

Questi enunciati valgono anche pel caso in cui due delle coppie coincidono in una coppia unica che diremo *doppia*:

1.° Se k e k^* sono dello stesso segno la coppia che si trova isolata da una parte di (x) è la coppia doppia.

2.° Se invece k e k^* sono di segni opposti la coppia doppia è una delle due situate insieme dalla stessa parte di (x).

Ed infine se due delle coppie principali sono imaginarie, le due coppie reali devono essere situate da una stessa parte di (x) se k e k^* sono dello stesso segno, e da parti opposte nel caso contrario.

Osserviamo ancora che, in questa ultima ipotesi, se le coppie note [1] [2] sono disposte simmetricamente a egual distanza dall'origine in modo che sia $y_1 + y_2 = 0$ le coppie [3] [4] anzi che imaginarie devono riguardarsi come coincidenti delle coppie [1] [2].

§ 19. Ulteriore degenerazione di uno dei luoghi della curvatura stazionaria.

Fra le iperboli equilatere che hanno gli assi (x) (y) per assintoti deve evidentemente elencarsi anche la figura costituita dagli assi medesimi nei quali degenera uno dei luoghi λ o λ^* quando si annulli uno dei parametri k o k^*.

Indicheremo come IV e IV(*) questi due modi di degenerazione dualisticamente correlativi.

IV. Modo di degenerazione e meccanismi corrispondenti

Quando sia: $k = 0$ è chiaro dalla (57) che il luogo λ degenera nei due assi (x) (y), mentre λ^* conserva la formola di iperbole come è rappresentato nella Fig. 54.

In questa ipotesi, la quale si verifica pei meccanismi di cui la linea dei perni fissi è perpendicolare alle manovelle, le rette di Σ^* perpendicolari all' asse (x) inviluppano nei punti dell'asse medesimo la singolarità della iperfalcata di curvatura nulla [1]), mentre i punti di (x) descrivono semplicementi dei flessi. L'asse (x) potrebbe dunque denominarsi: *asse delle iperfalcate e dei flessi.*

(Rispetto alla inviluppata nel centro principale vedi più innanzi).

IV(*) Modo di degenerazione e meccanismi corrispondenti

Quando sia: $k^* =$ è chiaro dalla (57)* che il luogo λ^* degenera nei due assi (x) (y), mentre λ conserva la forma di iperbole come è rappresentato nella Fig. 54(*).

In questa ipotesi la quale si verifica pei meccanismi di cui la biella è perpendicolare alle manovelle, i punti di Σ^* situati sull' asse (x) descrivono delle traiettorie a curvatura nulla e stazionaria, e cioè delle ondulazioni, mentre le rette perpendicolari a (x) vi inviluppano dei flessi. L'asse (x) potrebbe dunque denominarsi: *asse delle ondulazioni e dei flessi.*

(Rispetto alla traiettoria del punto principale vedi più innanzi).

---

[1]) Questo enunciato può desumersi per ragione di dualità dall'enunciato di destra relativo alle ondulazioni descritte dai punti di (x) quando sia $k^* = 0$.

Abbiamo infatti veduto nel § 16 che in generale le rette di Σ^* perpendicolari ad (x) vi inviluppano singolarità di curvatura nulla pelle quali il movimento della retta inviluppante sia stazionario. Se dunque per $k^* = 0$ i punti di (x) descrivono traiettorie a curvatura nulla (ondulazioni) che non tagliano le rispettive tangenti (perpendicolari ad (x)), così, per ragione di dualità, quando sia $k = 0$ ogni perpendicolare ad (x) deve inviluppare nel punto in cui essa incontra (x) una singolarità tale che il punto stesso si trovi sempre da una medesima parte della retta inviluppante di cui il movimento è inoltre stazionario. Questa singolarità deve essere poi di curvatura nulla e quindi non può essere che una *iperfalcata di curvatura nulla,* come può verificarsi graficamente su un quadrilatero articolato.

Questi due *Modi* di degenerazione possono anche riguardarsi come casi particolari dei *Modi* III e III(*) di degenerazione di Λ o Λ^* nell'asse (x) ed in un circolo di diametro S, tangente in Ω all'asse (y), (v. § 15) nella ipotesi che S diventi infinitamente grande.

Ed infatti se nella Fig. 30 noi pensiamo che il punto in cui il circolo K taglia l'asse (x) si mantenga nella regione a distanza finita, mentre S cresce indefinitamente per l'allontanarsi di Ω snll'asse medesimo, e parimenti ρ_0 cresce senza limiti come fu definito nel § 16, è chiaro che ci ridurremo ultimamente al caso della trasformazione parallela, degenerando K in una retta perpendicolare ad (x) e nella retta all'∞ mentre Λ^* degenera nella retta all'∞ e nella iperbole λ^*.

La condizione:

$$\operatorname{Lim} \frac{S^3}{R} = k = 0$$

è dunque il caso limite della:

$$\frac{1}{R} = 0$$

Ed infatti se nella Fig. 30(*) noi pensiamo che il punto in cui il circolo K* taglia l'asse (x) si mantenga nella regione a distanza mentre S cresce indefinitivamente per l'allontanarsi di Ω sull' asse medesimo, e parimenti ρ_0 cresce senza limiti come fu definito nel § 16, è chiaro che ci ridurremo ultimamente al caso della trasformazione parallela, degenerando K* in una retta perpendicolare ad (x) e nella retta all'∞ mentre Λ degenera nella retta all' ∞ e nella iperbole λ.

La condizione:

$$\operatorname{Lim} \frac{S^3}{R^*} = k^* = 0$$

è dunque il caso limite della:

$$\frac{1}{R^*} = 0$$

Questa analogia risulta anche più chiaramente esaminando la ubicazione delle coppie principali.

Le coppie principali.

Ed infatti annullandosi k ovvero k^* si annulla il 2° membro della (59) onde la ordinata y_i di una delle coppie principali deve essere nulla, e quindi la coppia medesima deve essere situata su (x) proprietà che caratterizza appunto i *Modi* di degenerazione III e III(*) e deve conservarsi nel caso limite dei medesimi.

Procediamo ora a ricavare dalle (58) e (59) le relazioni fondamentali che legano le coppie principali, distinguendo coll'indice 4 la coppia situata su (x) onde $y_4 = 0$.

Eliminando dalla (59) y_4 mediante la (60) e ponendo quindi $y_4 = 0$ le (58) e 59) diventano:

(62) $y_1 + y_2 + y_3 = 0$

(63) $y_1 \, y_2 \, y_3 + k^* x_4 = 0$

relazioni fondamentali le quali (poi-

Eliminando dalla (59) la y_4 mediante la (60)* e ponendo quindi $y_4 = 0$ le (58) e (59) diventano:

(62)* $y_1 + y_2 + y_3 = 0$

(63)* $y_1 \, y_2 \, y_3 + k \, x_4^* = 0$

relazioni fondamentali le quali (poichè y_1 y_2 y_3 sono grandezze finite) dimostrano che x_4 è necessariamente una grandezza finita, onde il centro fisso A_{000} della coppia [4] si trova a distanza finita sull'asse (x).

Il centro A_{000} divide l'asse (x) in due tratti pei quali le iperfalcate inviluppate dalle perpendicolari ad (x) sono situate da parti opposte dall'asse medesimo e la curvatura dei loro rami è rivolta in sensi contrarii.

La perpendicolare ad (x) in A_{000} vi inviluppa la singolarità [1]) che abbiamo denominato 1.ª iperondulazione (V. Introd.)

chè y_1 y_2 y_3 sono grandezze finite) dimostrano che x_4^* è necessariamente una grandezza finita, onde il punto mobile A^*_{000} della coppia [4] si trova a distanza finita sull'asse (x).

Il punto principale A^*_{000} divide l'asse (x) in due tratti pei quali le ondulazioni descritte dai punti di Σ^* rivolgono i loro rami in sensi contrari e precisamente colle concavità verso A^*_{000}.

Il punto principale A^*_{000} descrive una ondulazione di 3º grado o pseudo-ondulazione.

Proprietà dei punti O_{ij}.

Osserviamo anzitutto che i tre punti O_{14} O_{24} O_{34} coincidono rispettivamente con A_1 A_2 A_3, mentre i tre punti O_{12} O_{13} O_{23} sono i punti simmetrici di A_3 A_2 A_1 rispettivamente come è ovvio dalla (62) ed è rappresentato nella Fig. 54.

Osserviamo anzitutto che i tre punti O_{14} O_{24} O_{34} coincidono rispettivamente con A_1^* A_2^* A_3^*, mentre i tre punti simmetrici di O_{12} O_{13} O_{23} sono i punti A_3^* A_2^* A_1^* rispettivamente come è ovvio dalla (62)* ed è rappresentato nella Fig. 54(*).

I tre punti O_{12} O_{13} O_{23} godono di una interessante proprietà, la quale fornisce una facile determinazione della coppia [4] e che enunciano:

Le perpendicolari a ciascuna retta A_i^* A_j^* nel punto O_{ij} passano pel centro principale A_{000} (Fig. 54).

Si ricava infatti dalla (63) tenuto conto delle (62) e delle (60)*:

$$(64)\quad x_4 = -(x_1^* + x_2^*)\frac{y_1}{x_1^*}\cdot\frac{y_2}{x_2^*}$$

e poichè

$x_1^* + x_2^*$ = lunghezza del segmento

Le perpendicolari a ciascuna retta A_i A_j nel punto O_{ij} passano pel punto principale A^*_{000} (Fig. 54)(*).

Si ricava infatti dalla (63)* tenuto conto delle (62)* e delle (60);

$$(64)\quad x_4^* = -(x_1 + x_2)\frac{y_1}{x_1}\cdot\frac{y_2}{x_2}$$

e poichè:

$x_1 + x_2$ = lunghezza del segmento

---

[1]) Questo enunciato può stabilirsi per ragione dualistica. Ed infatti è facile dimostrare che per $k^* = 0$ le ondulazioni descritte dai punti di $(x)^*$ vicini ad A_4^* sono precedute ovvero susseguite da un flesso; laonde dualisticamente si conclude che per $k = 0$ le iperfalcate inviluppate nei punti di (x) vicini ad A_4 sono precedute ovvero susseguite da una cuspide. La singolarità inviluppata in A_4 è dunque la risultante di una iperfalcata di curvatura nulla e di una cuspide, e cioè la risultante di tre cuspidi e due flessi coincidenti, che non è altro che la 1ª iperondulazione. (Vedasi la Tabella della singolarità nella Introd.)

che $A_1^* A_2^*$ taglia su (x);

$$\frac{y_1}{x_1^*} = \frac{y_2}{x_2^*} = \text{tangente dell'angolo}$$

che $A_1^* A_2^*$ forma con (x); così la (64) dimostra che la perpendicolare alla $A_1^* A_2^*$ nel punto O_{12} passa pel centro A_{000}, come è rappresentato nella Fig. 54.

che $A_1 A_2$ taglia su (x);

$$\frac{y_1}{x_1} = \frac{y_2}{y_2} = \text{tangente dell'angolo}$$

che $A_1 A_2$ forma con (x); così la (64)* dimostra che la perpendicolare alla $A_1 A_2$ nel punto O_{12} passa pel punto A^*_{000}, come è rappresentato nella Fig. 54(*).

Nella determinazione delle due coppie incognite si possono dunque distinguere due casi, secondo che la coppia [4] si trova essere fra le coppie note, ovvero fra le incognite.

Caso 1) Se sono date le coppie [1] [2]

e cioè un quadrilatero articolato di cui la linea dei perni fissi è perpendicolare alle manovelle (Fig. 54),

e cioè un quadrilatero articolato di cui la biella è perpendicolare alle manovelle (Fig. 54)(*),

le due coppie [3] [4] sono sempre reali e la loro determinazione sia grafica che analitica si fa con grandissima semplicità in base alle proprietà dianzi esposte, alle quali non occorrono ulteriori spiegazioni.

Caso 2) Se invece sono date le coppie [3] [4]

e cioè un glifo-manovella di cui la manovella è perpendicolare all' asta del cursore (Fig. 54), le y_1 e y_2 sono date dalle radici della:

$$y^2 + yy_3 + x_3^* x_4 = 0$$

le quali sono reali e distinte, coincidenti o imaginarie secondo che:

$$y_3^2 \gtreqless 4\, x_3^* x_4$$

e cioè secondo che la perpendicolare in O_{12} (punto simmetrico di A_3) alla $O_{12} A_{000}$ taglia, tocca o non tocca l'iperbole λ^*,

È infine da osservare che quando sia $x_4 = 0$ l'equazione precedente è soddisfatta da $y = 0$; e quindi due coppie coincidono sull' asse (x), ciò che poteva anche concludersi dal fatto che l'origine è un punto doppio di λ degenerata.

e cioè una manovella di spinta di cui la manovella è perpendicolare alla guida della testacroce (Fig. 54)(*), le y_1 e y_2 sono date dalle radici della:

$$y^2 + yy_3 + x_3 x_4^* = 0$$

le quali sono reali e distinte, coincidenti, o imaginarie secondo che:

$$y_3^2 \gtreqless 4\, x_3 x_4^*$$

e cioè secondo che la perpendicolare in O_{12} (punto simmetrico di A_3^*) alla $O_{12} A^*_{000}$ taglia, tocca, o non tocca l'iperbole λ.

È infine da osservare che quando sia $x_4^* = 0$ l' equazione precedente è soddisfatta da $y = 0$; e quindi due coppie coincidono sull'asse (x), ciò che poteva anche concludersi dal fatto che l'origine è un punto doppio di λ^* degenerata.

Le due coppie rimanenti sono in questo ultimo caso simmetricamente disposte rispetto all'origine.

Dalle ricerche precedenti possiamo dunque riassumendo concludere:

Nei casi di ulteriore degenerazione della λ ovvero della λ^* in una coppia di rette:

a) esiste sempre una coppia principale reale situata sull' asse (x) la quale può essere doppia e cioè rappresentare due coppie coincidenti ;

b) delle coppie rimanenti situate su $\lambda\,\lambda^*$ due possono essere coincidenti ovvero immaginarie, ma una è sempre reale.

Analogamente alle notazioni adottate nel Cap. IV. indicheremo coi simboli :

Serie $IV_{(\lambda)}$ la doppia infinità dei quadrilateri articolati di cui la linea dei perni fissi è perpendicolare alle manovelle.

Serie $IV_{(x)}$ la doppia infinità dei glifi-manovelle in configurazione parallela.

Serie $IV_{(\lambda)}^{(*)}$ la doppia infinità dei quadrilateri articolati di cui la biella è perpendicolare alle manovelle.

Serie $IV_{(x)}^{(*)}$ la doppia infinità delle manovelle di spinta in configurazione parallela.

Tutti questi meccanismi sono schematicamente rappresentati nelle Fig. 54 e 54(*).

A titolo di illustrazione dei risultati precedenti, fermiamo ora la nostra attenzione su un meccanismo della Serie $IV_{(x)}^{(*)}$ di cui le manovelle siano di eguale lunghezza (Fig. 55). Questo meccanismo realizza il caso in cui le coppie principali si riducono a tre, il punto di mezzo A^*_{000} della biella (in cui coincidono $A_3{}^*$ $A_4{}^*$) presentando la singolarità della pseudo-ondulazione, che possiamo denominare: *la pseudo-ondulazione di Watt.*

Ed infatti se noi deformiamo leggermente le dimensioni del meccanismo allungando le manovelle, la pseudo-ondulazione in parola si scinde in tre flessi distinti, nota proprietà della guida di Watt, la quale si presenta così come caso particolare di una serie di meccanismi due volte infinita. (Per più estesa trattazione v. § 29).

CAPITOLO VI.

GUIDE DEL MOVIMENTO CIRCOLARE

§ 20. Generalità

I risultati esposti nelle trattazioni precedenti ci mettono in grado di dare una soluzione razionale e generale del problema delle guide del movimento mediante meccanismi elementari.

Daremo in generale: *Guida del movimento circolare di un punto o di più punti,* i meccanismi intesi a realizzare mediante una biella il movimento prossimamente circolare di uno o più punti A^*, entro certi limiti di escursione; e cioè a far descrivere ad A^* una traiettoria che ha col suo circolo osculatore di centro A un contatto del 2° o del 3°, o del 4° ordine, soddisfacendo insieme ad un numero di condizioni arbitrarie compatibile coll' ordine del contatto medesimo.

Un caso particolare notoriamente molto importante pella pratica è quello in cui il centro di curvatura della traiettoria si trovi a distanza infinita nella quale ipotesi i meccanismi in quistione prendono il nome di *Guide del movimento rettilineo.*

Denomineremo inoltre: *Guida del 2°* ovvero del *3°* ovvero del *4° ordine* una guida del movimento circolare (o rettilineo) pella quale l'ordine del contatto sia 2, 3, 4, rispettivamente.

Per la dualità generale che governa la quadrupla infinità dei meccanismi elementari (v. § 15), ai meccanismi guide del movimento circolare (o rettilineo) di un punto, sono correlativi i meccanismi che diremo: *Guide dei circoli* (delle rette) o dei *glifi circolari* (rettilinei), e cioè meccanismi pei quali un arco circolare (rettilineo) connesso a una biella si muove, entro certi limiti di escursione, in modo da passare costantemente e prossimamente per un dato punto fisso.

Premettiamo ora alcune osservazioni generali intorno al problema delle guide del movimento circolare, quanto per esse si espone valendo identicamente per le guide del movimento rettilineo, e pei meccanismi correlativi di entrambe.

La configurazione e posizione di un meccanismo elementare nel piano sono determinate da otto parametri arbitrarii (p. es. le coordinate dei quattro perni) e quindi possiamo sempre costruire un simile meccanismo in modo da soddisfare a otto condizioni indipendenti.

Ora il dato del problema che tre, ovvero quattro, ovvero cinque posizioni successive infinitamente vicine di un punto mobile A^* connessso alla biella Σ^* si trovino su *un dato circolo* di centro A e raggio AA^*, implica rispettivamente due, ovvero tre, ovvero quattro condizioni indipendenti; e noi possiamo adunque:

I.° risolvere il problema di guidare il movimento di un punto:
con una guida del 2.° ordine soddisfacendo a 6 condizioni
» » » » 3.° » » » 5 »
» » » » 4.° » » » 4 »

II.° risolvere il problema di guidare il movimento di due punti:
con una guida del 2.° ordine soddisfacendo a 4 condizioni
» » » » 3.° » » » 2 »
» » » » 4.° » » » 0 »

Quanto alla natura delle condizioni arbitrarie noi ci limiteremo alle più semplici ed aventi carattere di pratica applicazione, intendendo che esse consistano essenzialmente nell'avere assegnate la posizione ovvero una coordinata di uno o più di uno dei perni del meccanismo incognito.

Con tale limitazione la costruzione delle guide del movimento di due punti non presenta difficoltà, poichè infatti il dato stesso del problema fornisce la legge del movimento elementare di Σ^*, e la determinazione dei luoghi della curvatura stazionaria e delle coppie principali può farsi con operazioni grafiche molto semplici e analiticamente risolvendo equazioni di grado non superiore al 2°.

Parimente è molto facile la risoluzione del problema delle guide di 2° ordine del movimento di un punto, poichè disponendo di sei condizioni arbitrarie si possono scegliere ad arbitrio tre dei perni del meccanismo elementare incognito, onde risulta determinata la legge di curvatura, che dà immediatamente la posizione del quarto perno.

Nella trattazione che segue ci occuperemo dunque specialmente delle guide del movimento di un punto, escluse le guide di 2° ordine, e cioè:

a) delle *guide di 3° ordine o guide a curvatura stazionaria,*

b) delle *guide di 4° ordine o guide a curvatura pseudo-stazionaria* le quali forniscono una ricca messe di meccanismi interessanti per le pratiche applicazioni, finora solo in minima parte ed imperfettamente noti.

§ 21. Guide del 3° ordine o guide a curvatura stazionaria.

Secondo le definizioni precedenti sono guide del 3° ordine o guide a curvatura stazionaria pel movimento di A^* intorno ad A, i meccanismi elementari i quali soddisfano alla condizione che i perni fissi A_1 A_2 ed il centro A sono situati sul luogo Λ, mentre i perni mobili A_1^* A_2^* ed il punto guidato A^* sono situati su Λ^*.

Simili meccanismi forniscono una buona soluzione del problema delle guide del movimento di un punto, perchè mentre entro limiti di escursione in generale abbastanza estesi l'approssimazione della traiettoria di A^* alla forma di arco circolare risulta soddisfacente [1]), d' altro lato la possibilità di imporre cinque condizioni arbitrarie permette la scelta arbitraria di due perni e lascia ancora una condizione disponibile.

Quando di questa residua condizione non sia altrimenti disposto, è molto conveniente introdurre per essa, come condizione ausiliaria, una delle condizioni che realizzano la degenerazione di Λ e Λ^*, o di una di esse, in circoli e rette, ovvero nella retta all' ∞ ed in una iperbole equilatera, con che la soluzione del problema riesce notevolmente semplificata.

I meccanismi di cui proponiamo l'impiego sono dunque quelli delle *Serie* studiate nel Cap. IV, ed i meccanismi in configurazione parallela.

A titolo di esempio tratteremo il problema nella forma che può considerarsi come tipica:

Problema: *Costruire una guida a curvatura stazionaria del movimento di A^* intorno ad A, essendo dati i perni fissi A_1 A_2.*

Pella risoluzione del problema posto in questa forma noi possiamo servirci dei *Modi* di degenerazione I. e III., per entrambi i quali il luogo Λ si scinde in un circolo e una retta. E poichè noi conosciamo per dato tre punti A A_1 A_2 del luogo Λ, così il luogo medesimo può essere facilmente determinato.

Il problema è inoltre suscettibile di soluzione mediante i meccanismi in configurazione parallela.

Esaminiamo partitamente queste diverse soluzioni.

Primo gruppo di soluzioni: Condizione ausiliaria $\frac{1}{s} = 0$

Questa condizione ausiliaria, che implica degenerazione di Λ e Λ^* nell'asse (y) e in circoli corrispondenti, ci dà quattro soluzioni delle quali tre sono doppie, onde si hanno in realtà sette soluzioni diverse, (che naturalmente possono anche non essere tutte reali e distinte).

---

[1]) È molto raccomandabile di rifare in iscala maggiore alcune delle figure che illustrano questi meccanismi onde persuadersi del grado di approssimazione raggiunto.

1.ª *Soluzione* (unica) — Serie $I_{(GG)}$ (Fig. 56).

(A A_1 A_2 sul cerchio G; A^* A_1^* A_2^* su G*)

Tracciato per A A_1 A_2 il circolo G, il suo punto d'incontro colla $A A^*$ dà Ω. Si tracci quindi il circolo G* passante per A^* e tangente a G in Ω, il quale incontra le A_1 Ω, A_2 Ω rispettivamente in A_1^* e A_2^* perni mobili del meccanismo il quale risulta così individuato.

Nella Fig. 56, e così pure nelle successive abbiamo segnato un certo numero di punti della traiettoria effettiva di A^* onde dare un' idea del grado di approssimazione con cui la traiettoria a curvatura stazionaria simula la forma circolare. È questo evidentemente il solo e più pratico mezzo per constatare quanta parte della traiettoria di A^* può in ciascun caso utilizzarsi col grado di approssimazione voluto.

Eccezioni: Questa soluzione non è valevole quando i centri A A_1 A_2 ed A^* si trovino su un medesimo cerchio, poichè in tale ipotesi Ω cadrebbe in A^*; ed in generale la soluzione stessa è poco raccomandabile se Ω cade vicino ad A^*.

2.ª *Soluzione* (doppia) — Serie $I_{(GG)}$ (Fig. 57).

(A_1 A_2 su G; A_1^* A_2^* su G*; A A^* su (y))

Assunta la AA^* come asse (y) e tracciato il cerchio G passante per A_1 A_2 ed avente il centro su (y), possiamo adottare come centro Ω uno dei due punti di intersezione di G con (y), ciò che dà due soluzioni.

Scelto dunque Ω la legge di curvatura risulta determinata, ed il problema è risoluto colla ulteriore determinazione del circolo G* che individua i perni mobili sulle A_1 Ω, A_2 Ω.

Eccezioni: Le due soluzioni si riducono a una sola se il cerchio G passa per A ovvero per A^*, ed è inammessibile se G passa per A e A^*. Se però i punti A_1 A_2 sono disposti simmetricamente rispetto alla $A A^*$, esiste ovviamente una semplice infinità di soluzioni, essendo arbitraria la posizione di Ω [1]).

3.ª *Soluzione* (doppia) — Serie $I_{(Gy)}$ (Fig. 58).

(A_1 A_1^* su (y); A A_2 su G; A^* A_2^* su G* [2]).

Il problema si riduce in questo caso a costruire un cerchio G passante per A ed A_2, il quale tagli la AA^* in un punto Ω tale, che il centro Y di detto cerchio, il punto Ω e il perno A_1 si trovino su una medesima retta (asse (y)).

La soluzione è anche in questo caso duplice; dicendo infatti Y_2 il secondo punto di intersezione della A_1 Ω con G, ed indicando coi simboli (v. Fig. 58):

---

1) Ed in tale ipotesi il problema può essere risoluto anche con una guida del 4° ordine (v. § 22), osservazione che vale anche pei casi successivi.

2) Per uniformità di esposizione diamo l'indice 1 alla coppia situata su (y).

(a) la retta $A\ A^*$;

(m) la normale alla $A\ A_2$ nel suo punto di mezzo;

(n) la normale alla (a) in A;

è chiaro che il problema si riduce a tirare per A_1 una retta che tagli (a) (m) (n) in tre punti Ω, Y, Y_2 tali che sia Y il punto di mezzo del segmento $\Omega\ Y_2$.

Tale problema equivale a quello di tirare per A_1 la tangente alla parabola che tocca (a) (m) (n) (e precisamente la (m) nel punto di mezzo del segmento che vi segnano le altre due) e ammette quindi due soluzioni che possono essere reali e distinte, coincidenti o imaginarie, secondo la posizione di A_1 rispetto alla parabola dianzi definita.

Nella Fig. 58 sono rappresentate due soluzioni reali gli elementi di una delle quali sono distinti coll' indice [bis].

4.ª *Soluzione* (doppia) — Serie $I_{(Gy)}$.

$$(A\ A_1 \text{ su } G;\ A^*\ A_1^* \text{ su } G^*;\ A_2\ A_2^* \text{ su } (y))$$

Questa soluzione non è che l'antecedente scambiandosi $A_1 A_1^*$ con $A_2 A^*_2$.

Osserviamo infine che non è possibile impiegare alla risoluzione del problema proposto i meccanismi della Serie $I_{(yy)}$ (meccanismi a punto morto) essendo senz'altro evidente (Fig. 61) che se assumiamo la $A_1\ A_2$ come asse (y) ed il suo punto di intersezione colla AA^* come centro Ω, la legge di curvatura è determinata e lo sono parimente i circoli della curvatura stazionaria, i quali in generale non passeranno per A ed A^*.

Secondo gruppo di soluzioni. Condizione ausiliaria $\frac{1}{R} = 0$.

Questa condizione ausiliaria la quale implica degenerazione di Λ in un circolo K e nell'asse (x) dà luogo a una soluzione (unica) mediante un meccanismo della Serie $III_{(KK)}$ ed a due soluzioni (doppie) mediante meccanismi delle Serie $III_{(Kx)}$.

5.ª *Soluzione* (unica) — Serie $III_{(KK)}$ (Fig. 59).

$$(A\ A_1\ A_2 \text{ su } K;\ A^*\ A_1^*\ A_2^* \text{ su } \Lambda^*)$$

Tracciato il circolo K passante per $A\ A_1\ A_2$, il quale tagli la $A\ A^*$ in Ω, assumiamo come asse (y) la tangente al circolo medesimo in Ω, onde il suo diametro per Ω dà l' asse (x). La legge della curvatura è così determinata essendo noti gli assi e la coppia AA^*, onde si possono colle solite costruzioni individuare i perni mobili, senza tracciare Λ^*.

Eccezione: La soluzione non è più valevole quando i perni fissi $A_1\ A_2$ sono situati in modo che il centro del circolo K cada sulla AA^*, poichè in tale ipotesi il punto guidato A^* si troverebbe su (x), e il centro di curvatura della sua traiettoria dovrebbe essere in Ω. Se però A coincide con Ω e cioè se $A_1\ A_2$ sono sul cerchio di diametro $A\ A^*$, la soluzione è ancora valevole, anzi si ha un numero semplicemente infinito di soluzioni, la legge della curvatura risultando indeterminata per ciò che concerne la scala delle grandezze (valore del parametro ρ_0).

6.ª *Soluzione* (doppia) — *Serie* $III_{(Kx)}$ (Fig. 60).

($A_1\ A_1^*$ su (x); $A\ A_2$ su K).

Il problema consiste in questo caso nel tracciare un cerchio K per $A\ A_2$, di cui il centro sia sulla $A_1\ \Omega$, essendo Ω il punto in cui esso taglia la AA^*. Dicendo:

(a) la retta AA^*;

(m) la normale ad AA_2 nel suo punto di mezzo;

(n) la normale ad (a) in A;

il problema equivale a quello di tirare per A_1 una retta (asse (x)) la quale incontri le (a) (m) (n) in modo che il punto di intersezione con (m) bisechi il segmento determinato dagli altri due.

Il problema è dunque identico a quello trattato nella 3.ª *Soluzione*, riducibile quindi al problema di tirare da un punto le tangenti a una parabola e suscettibile di due soluzioni. Assunta una di queste tangenti per asse (x) la legge della curvatura è determinata, onde si può individuare il perno mobile A_2^*, mentre A_1^* coincide con Ω.

È ovvio come si possano investigare i casi in cui le due soluzioni si riducono a una sola o diventano imaginarie.

7.ª *Soluzione* (doppia) — *Serie* $III_{(Kx)}$.

($A_2\ A_2^*$ su (x); $A\ A_1$ su K).

Questa soluzione non è che l' antecedente scambiandovi $A_1\ A_1^*$ con $A_2\ A_2^*$.

8.ª *Soluzione* (unica) *mediante un meccanismo in configurazione parallele* (Fig. 62).

Assunta la AA^* come direzione delle manovelle, si determinino gli assintoti parallelo e perpendicolare ad AA^* della iperbole equilatera λ che passa per $A\ A_1\ A_2$ e tracciata la iperbole λ^* che ha i medesimi assintoti e passa per A^*, si tirino per $A_1\ A_2$ le parallele ad AA^* ad incontrare λ^* in $A_1^*\ A_2^*$ rispettivamente.

Eccezioni: Se i punti $A\ A_1\ A_2$ si trovano in linea retta la soluzione non è più valevole, salvo il caso in cui questa retta sia perpendicolare alla AA^*. In questa ultima ipotesi ha luogo il *Modo* IV di ulteriore degenerazione della λ in una coppia di rette ortogonali, ma la posizione di una di esse (asse (x)) risulta indeterminata, onde il problema è suscettibile di una semplice infinità di soluzioni.

Problema correlativo.

Il problema correlativo dell'antecedente e cioè:

Costruire una guida a curvatura stazionaria del movimento di A^* intorno ad A, essendo dati i perni mobili $A_1^*\ A_2^*$, ammette parimente tredici soluzioni mediante meccanismi delle Serie I e III(*) e meccanismi in configurazione parallela, soluzioni la cui discussione è identicamente correlativa alla trattazione antecedente.

Per ciò che concerne il grado di approssimazione della traiettoria effettiva di A^* rispetto all'arco circolare di centro A, sola norma che può darsi si é che conviene scartare le soluzioni nelle quali il centro Ω cade troppo vicino ad A^*, specialmente se A^* viene a trovarsi nella regione positiva (regione del circolo dei flessi); ciò è esemplificato nella Fig. 60 rappresentante una guida del 3.° ordine nella quale la traiettoria di A^* non simula la forma circolare che per un arco molto limitato.

Si può contrapporre ad essa la Fig. 61 , raffigurante una guida del 2.° ordine che pur dà una approssimazione soddisfacente, pel fatto appunto della distanza che intercede fra Ω e il punto guidato A^*, il quale è inoltre situato nella regione negativa.

Lo stesso può dirsi delle guide del 3.° ordine rappresentate nelle Fig. 56_B Fig. 57, Fig. 59.

§ 22. Guide del 4° ordine o guide a curvatura pseudo-stazionaria

Intendiamo per guide del 4° ordine o guide a curvatura pseudo-stazionaria del movimento circolare di un punto A_i^* intorno ad A_i, ovvero di due punti A_i^* A_j^* intorno ad A_i ed A_j i meccanismi elementari i quali soddisfano alla condizione che le coppie $A_iA_i^*$ ed A_j A_j^* costituiscono insieme alle due coppie di perni la quaderna delle coppie principali nel movimento elementare della biella Σ^*.

Una guida di 4° ordine del movimento circolare di un punto può, come abbiamo veduto, costruirsi soddisfacendo in generale a quattro condizioni indipendenti, onde sarebbe lecito scegliere ad arbitrio due dei perni del meccanismo. La soluzione del problema non è però praticamente realizzabile che quando i due perni scelti ad arbitrio siano i perni (fisso e mobile) di una medesima manovella, nella quale ipotesi la legge del movimento elementare della biella Σ^* risulta ovviamente determinata, ed il problema si riduce ad individuare le due coppie principali incognite ciascuna delle quali può essere assunta come coppia di perni della seconda manovella.

Ma se la scelta degli elementi arbitrari non è tale che (se non la legge del movimento di Σ^*) almeno la posizione di Ω risulti determinata, e così p. e. se sono dati due perni non appartenenti a una stessa manovella, la risoluzione del problema non è di pratica attuabilità pella eccessiva complicazione del procedimento analitico, ciò che può constatarsi provando a risolvere il problema posto in una delle forme suaccennate.

Conviene adunque in questo caso o scegliere gli elemenli arbitrari in modo che la posizione di Ω sia determinata, o meglio ancora restringere a tre il numero delle condizioni arbitrarie, ed introdurre in luogo della quarta, una delle condizioni ausiliarie per cui si realizza la degenerazione di uno o di entrambi i luoghi Λ e Λ^*, ciò che equivale a scegliere il meccanismo incognito fra quelli di una delle serie illustrate nel Cap. IV, ovvero fra i meccanismi in configurazione parallela.

Previa questa limitazione si può trattare la risoluzione di problemi costruttivi con metodi analoghi a quelli seguiti nel § preced. e coi criteri geometrici che possono desumersi dalla discussione intorno alla ubicazione delle coppie principali fatta per ciascuna Serie di meccanismi nel Cap. IV.

Una opportuna illustrazione del soggetto potrebbe anche consistere in una esposizione sistematica, illustrata da acconcie figure, di tutti i tipi di guide del 4° ordine che possono ricavarsi dalle Serie di meccanismi elencate nel Cap. IV, ciò che implicherebbe una più estesa discussione dei diversi casi di ubicazione delle coppie principali per ciascuna configurazione delle diverse famiglie di meccanismi che appartengono a ciascuna Serie. Una simile trattazione sarebbe di non dubbia utilità, venendo a fornire una raccolta sistematica di meccanismi nuovi ed interessanti, ma risulterebbe necessariamente di non piccola mole ed eccedente lo scopo e i limiti di questo scritto.

Ed infatti anche limitandoci ai soli quadrilateri articolati delle Serie I, II, $II^{(*)}$, III, $III^{(*)}$ si dovrebbero discutere cinquantaquattro configurazioni diverse, ciascuna delle quali può naturalmente presentare diversi casi di ubicazione delle coppie principali.

Gli elementi per una simile discussione, d' altronde facilissima, sono chiaramente esposti nel Cap. IV.

Noi ci limiteremo ora invece ad alcuni pochi esempii, i quali ci daranno occasione di chiarire alcuni criteri di portata e carattere affatto generali.

Nella trattazione che segue manterremo alle coppie di perni ed alle coppie guidate gli indici che ad esse competono come coppie principali nella legge del movimento elementare di Σ^*.

1.° **Esempio.** — Serie $I_{(GG)}$ (Fig. 63 e 64) (V. il § 12 e la Fig. 31).

(Coppie di perni [1] [2] — **Coppie guidate** [3] [4] **)**

Assumendo la prima delle tre configurazioni rappresentate nella Fig. 31, e scelto : $R = 2R^* = \rho_0$, la (26) dà :

$$\left(\frac{r}{R}\right)^2 . (4 + 2 \cot \varphi_1 \cot \varphi_2) - 5 . \frac{r}{R} + 1 = 0$$

Ora, ponendo la condizione che φ_1 e φ_2 siano l'uno maggiore e l'altro minore di 90°, onde il prodotto $\cot \varphi_1 \cot \varphi_2$ è negativo, e dando a questo prodotto diversi valori fra $-0{,}25$ e $-1{,}50$ ricaviamo dalla equazione suesposta :

$\cot\varphi_1 \cot\varphi_2 = -0.25$	$\frac{r_3}{R} = 1.189$	$\frac{r_3^*}{R} = 0.543$	$\frac{r_4}{R} = 0.240$	$\frac{r_4^*}{R} = 0.194$
» $= -0.50$	» $= 1.433$	» $= 0.589$	» $= 0.233$	» $= 0.199$
» $= -0.75$	» $= 1.774$	» $= 0.639$	» $= 0.226$	» $= 0.184$
» $= -1.00$	» $= 2.289$	» $= 0.674$	» $= 0.220$	» $= 0.180$
» $= -1.25$	» $= 3.120$	» $= 0.757$	» $= 0.213$	» $= 0.176$
» $= -1.50$	» $= 4.790$	» $= 0.827$	» $= 0.210$	» $= 0.173$

Da questa tabella di valori si può concludere:

1.° che la coppia A_4 A_4^* non cambia sensibilmente di posizione nelle diverse ipotesi, trovandosi sempre in prossimità di Ω col centro A_4 molto vicino al centro del circolo G_R^* della curvatura stazionaria;

2.° che parimente il punto guidato A_3^* si mantiene sensibilmente in una stessa regione dell'asse (y) ciò che non ha luogo invece per A_3.

Scegliendo A_3^* come punto guidato questo meccanismo può dunque dare una buona guida del movimento circolare di un punto la cui traiettoria si estende nella regione compresa tra i perni fissi. La Fig. 63 è costruita assumendo $\cot\varphi_1 \cot\varphi_2 = -0{,}64$.

Questi meccanismi danno luogo a guide del 5° ordine quando si assuma $\varphi_1 = 180^\circ - \varphi_2$ poichè in tal caso pella simmetria delle traiettorie di A_3^* e A_4^* rispetto a (y), i contatti coi rispettivi cerchi osculatori devono essere di ordine dispari e quindi almeno del 5° ordine.

Ciò è esemplificato nella Fig. 64, nella quale, mantenuto

$$\cot\varphi_1 \cot\varphi_2 = -0.64$$

si è scelto:

$$\cot\varphi_1 = -\cot\varphi_2 = 0{,}80.$$

Analoghe investigazioni possono farsi pelle due rimanenti configurazioni dei meccanismi della Serie $I_{(GG)}$.

2.° **Esempio** — Serie $I_{(Gy)}$. (Fig. 65). (V. § 12 e la Fig. 32).

(Coppie di perni [1] [3] — Coppie guidate [2] [4])

Scelto anche in questo esempio: $R = 2R^* = \rho_0$ fissiamo inoltre:

$r_3 = 0{,}5\ R$, onde la (24) dà: $r_4 = \frac{1}{3} R$, ciò che significa che A_4 cade su A_3^* e cioè il punto guidato A_4^* simula una traiettoria circolare intorno alla posizione media del perno A_3^* (V. Fig. 65).

La scelta della manovella A_1 A_1^* è affatto arbitraria, purchè il suo perno fisso A_1 si trovi sul circolo dei flessi.

Se poi è data su G^* anche la posizione del secondo punto guidato A_2^*, la posizione della seconda manovella risulta determinata, essendo facile ricavare dalle (25) che deve essere: $\cot\varphi_1 \cot\varphi_2 = 1$.

Queste poche osservazioni mostrano chiaramente quali e quanti meccanismi si possono ricavare da una simile configurazione della Serie $I_{(Gy)}$.

È notevole nella Fig. 65 la grande approssimazione con cui la traiettoria del punto guidato A_4^* simula la forma circolare per un intero quadrante.

3.° **Esempio** — Serie $\mathrm{III}_{(Kx)}$ (Fig. 66). (V. § 15 e la Fig. 47).

(Coppie di perni [1] [3] — Coppie guidate [2] [4])

Scelta la prima delle configurazioni segnate nella Fig. 47, assumiamo come dati arbitrari:

$$S = \rho_0 \quad r_1 = 0{,}5\ \rho_0 \quad \mathrm{tg}\ \varphi_3 = 0.40$$

onde la (35) diventa:

$$\mathrm{tg}^2 \varphi - 0{,}6 \mathrm{tg}\ \varphi - 7{,}5 = 0$$

ed ha per radici:

$$\mathrm{tg}\ \varphi_2 = +\ 3{,}055 \quad \mathrm{tg}\ \varphi_4 = -\ 2{,}455$$

coi quali valori è costruita la Fig. 66.

La Fig. 66 ci suggerisce inoltre una importante osservazione. È chiaro anzitutto che il meccanismo ivi rappresentato differisce molto poco da un meccanismo della Serie $\mathrm{I}_{(GG)}$ poichè per una piccola deformazione la biella $A_1^*\ A_3^*$ diventa parallela alla $A_1\ A_3$, ed in tale ipotesi, essendo le due manovelle di lunghezza quasi eguale, il meccanismo presenterebbe una configurazione quasi simmetrica analoga a quella della Fig. 64. Le coppie principali [2] [4] si troverebbero su (y) e cioè all'incirca sulla perpendicolare ad $A_1\ A_3$ nel suo punto di mezzo, e per ovvia legge di continuità dovrebbero avere una posizione poco diversa nella Fig. 66, ciò che risulta infatti dalla Fig. medesima.

Parimente se consideriamo il meccanismo rappresentato nella Fig. 64, è chiaro che quando A_1^* si avvicina alla posizione 1′ il meccanismo stesso rientra nella Serie $\mathrm{III}_{(Kx)}$ e quando A_1^* si avvicina a 1″ il meccanismo rientra nella Serie $\mathrm{III}^{(*)}_{(Kx)}$, ed in entrambe le ipotesi le nuove posizioni delle coppie principali devono differire di poco da quelle segnate nella Fig. 64.

Queste osservazioni, di carattere evidentemente generale, dimostrano che nello studio costruttivo di simili meccanismi è conveniente prendere in esame le diverse configurazioni caratteristiche che un meccanismo può assumere, entro i limiti di escursione assegnati, e specialmente quelle, facili a determinare, pelle quali si verifica degenerazione dei luoghi della curvatura stazionaria.

4.° **Esempio**. — Serie $\mathrm{III}^{(*)}_{(KK)}$ (Fig. 67) (Vedasi § 15 e la Fig. 48).

(Coppie di perni [2] [4] — Coppie guidate [1] [3])

Scegliendo la quinta delle configurazioni esibite nella Fig. 48 e assumendo:

$$\mathrm{tg}\ \varphi_4 + \mathrm{tg}\ \varphi_2 = 0$$

la (45) ci dà:

$$\mathrm{tg}\ \varphi_3 = -\frac{S}{\rho_0}$$

la quale esprime che il punto A_3^* è dato dalla intersezione di K^* col circolo delle cuspidi. La posizione di A_1^* sull' asse (x) si determina mediante la (46) la quale col dato della Fig. $\varphi_2 = - \varphi_4 = 28^\circ\,30'$ ci dà $r_1^* = 1{,}414\ s$, onde A_1^* cadrebbe fuori dei limiti del disegno.

Abbiamo invece segnato nella Fig. 67 la traiettoria vera di un punto X_1^* scelto su (x) nei limiti del disegno e cioè più vicino ad Ω; la notevole esattezza con cui questa traiettoria simula per un arco abbastanza esteso la forma circolare dà luogo a una importante osservazione e cioè: *per le pratiche applicazioni dei meccanismi elementari come guide del movimento circolare, è criterio di sufficiente approssimazione lo scegliere i punti guidati nelle regioni vicine ai punti mobili principali.*

Ed infatti, per ovvia legge di continuità, i punti di una stessa regione (purchè a sufficiente distanza da Ω) descrivono traiettorie poco dissimili, e quindi i punti situati in vicinanza dei punti principali devono descrivere archi di traiettorie che simulano egualmente la forma circolare.

Ciò è esemplificato, nella Fig. 67, anche dalla traiettoria di $A_3^{*\prime}$ punto prossimo ad A_3^*, la quale si confonde quasi col cerchio di curvatura per circa due terzi della sua periferia.

È senz'altro evidente quale comoda latitudine nell' impiego di questi meccanismi derivi dal precedente enunciato.

5.° **Esempio** — Serie IV e $IV^{(*)}$ (Fig. 68-69-70). (V. § 19 e le Fig. 54 e $54^{(*)}$).

Aggiungiamo infine alcuni esempi di guide del 4° ordine in configurazione parallela alla cui genesi acconciamente si prestano i due casi di ulteriore degenerazione dei luoghi λ e λ^* (v. § 19) grazie alla facile determinazione delle coppie principali.

Una delle coppie essendo situata su (x). è ovvio che questi meccanismi, se foggiati a quadrilatero articolato, possono servire soltanto come guida del movimento circolare di un punto.

Nel caso della Serie $IV_{(\lambda)}$ (Fig. 68) i perni fissi A_1 A_2 ed il centro A_3, o nel caso della Serie $IV^{(*)}{}_{(\lambda)}$ (Fig. 69) i perni mobili A_1^* A_2^* ed il punto guidato A_3^* si trovano rispettivamente su una retta perpendicolare alle manovelle. Questi meccanismi possono dunque utilizzarsi nell' ipotesi che i dati del problema si prestino a soddisfare una delle accennate condizioni.

Infine nella Fig. 70 abbiamo rappresentato il caso in cui il punto mobile della coppia principale situata su (x) venga assunto come perno mobile del meccanismo il quale risulta essere una manovella di spinta in configurazione parallela (Serie $IV^{(*)}_{(x)}$).

Analogamente potrebbe foggiarsi a guida del 4° ordine un glifo-manovella in configurazione parallela (Serie $IV_{(x)}$ Fig. 54).

Guide a regresso

Fra le guide del 4.° ordine sono infine notevoli i meccanismi che denomineremo: *Guide a regresso*, mediante le quali per ogni escursione semplice dei perni mobili si può effettuare una doppia escursione del punto guidato secondo un arco di data curvatura.

Queste guide possono evidentemente derivarsi dai meccanismi che realizzano un movimento di Σ^* tale che una delle coppie principali sia situata su (x) col punto mobile in Ω ed il centro a distanza finita. Scegliendo infatti questa coppia come coppia guidata, è noto che il suo punto mobile descrive una falcata, e realizza quindi un movimento di doppia escursione secondo archi di egual curvatura nel loro punto di tangenza comune.

Il fatto cinematico che una delle coppie principali sia situata su (x) col punto mobile in Ω ha luogo nei *Modi* II e III di degenerazione circolare (Cap. IV § 14 e § 15) dai quali possono derivare i seguenti meccanismi di guide a regresso.

Modo II. Poichè il punto principale che cade in Ω deve essere punto guidato e prescidendo ovviamente dai meccanismi ciclici e paraciclici, è facile concludere che i soli meccanismi i quali possono foggiarsi in guide a regresso sono le manovelle di spinta della Serie $\text{II}_{(y0)}$ (Fig. 39).

Dato dunque il punto guidato, il centro e il raggio di curvatura della sua traiettoria (falcata), dovendo gli elementi geometrici del meccanismo soddisfare le (35) e (34) del § 14, è facile concludere che esiste una doppia infinità di meccanismi i quali risolvono il problema, onde risulta ovvio quale latitudine si abbia sulla scelta degli elementi arbitrari.

Un esempio di guida di questo tipo è il meccanismo rappresentato nella Fig. 89 in cui si supponga che punto guidato sia il punto mobile che cade in Ω.

Modo III. I meccanismi che possono foggiarsi in guide a regresso sono esclusivamente quelli di cui i perni fissi si trovano su un circolo K e cioè i meccanismi delle Serie $\text{III}_{(KK)}$ (Fig. 46).

Dato il punto guidato, il centro ed il raggio di curvatura della sua traiettoria (falcata), dovendo gli elementi geometrici del meccanismo soddisfare le (45) e (46) del § 15, è facile concludere che esiste una triplice infinità di meccanismi che risolvono il problema, onde si ha nella scelta degli elementi arbitrari una latitudine maggiore che nel caso precedente, come del resto era facile prevedere.

§ 23. Guide dei circoli o dei glifi circolari

Tutto quanto fu esposto nei §§ preced. pelle guide del movimento circolare vale identicamente pei meccanismi correlativi che abbiamo denominato *Guide dei circoli.*

Questi meccanismi ricevono la forma costruttiva di un arco circolare rigidamente connesso alla biella Σ^* di un meccanismo elementare, la quale entro certi limiti di escursione si muove in modo che l' arco circolare passi sempre approssimativamente per un punto fisso A.

L'arco circolare può quindi venir foggiato come un glifo ed il punto A come un perno fisso nel quale il glifo si mantiene costantemente impegnato, onde questi meccanismi possono anche denominarsi : *Guide dei glifi circolari.*

Dato il meccanismo elementare $A_1\, A_1^*\, A_2\, A_2^*$ (Fig. 71) e dato pure il *perno di guida* A, dovrà il glifo venir sagomato secondo l'arco di cerchio che ha per centro il punto mobile A^* corrispondente ad A, ciò che è senz' altro evidente pel fatto che se supponiamo fisso Σ^* e mobile Σ, il meccanismo si trasforma in una guida del movimento circolare di A intorno ad A^*.

Se dunque A ed A^* sono scelti rispettivamente sui luoghi Λ e Λ^* della curvatura stazionaria determinati dalle coppie $A_1A_1^*$ e $A_2A_2^*$, potrà il meccanismo ottenuto denominarsi: *Guida di 3º ordine del glifo circolare.* Tale è appunto il meccanismo rappresentato nella Fig. 71 il quale appartiene alla Serie $I_{(GG)}$ essendo la $A_1^*\, A_2^*$ parallela alla $A_1\, A_2$ onde i luoghi $\Lambda\Lambda^*$ degenerano nell'asse (y) e in due circoli corrispondenti.

Parimente se scegliamo come perno di guida uno dei centri A_3 od A_4 delle due coppie principali il meccanismo risultante si denominerà: *Guida di 4º ordine del glifo circolare, ecc. ecc.*

Ed infine possono foggiarsi *guide a regresso del movimenio di un glifo* mediante i glifi-manovelle della Serie $II^{(\circ)}_{(y0)}$ (45) ed i meccanismi (quadrilateri articolati e manovelle di spinta) delle Serie $III^{(\circ)}_{(KK)}$ (Fig. 48), correlativi dei meccanismi che dànno le guide a regresso del movimento di un punto.

La trattazione esposta pelle guide del movimento di un punto valendo identicamente in senso dualistico pelle guide del movimento di un glifo, non crediamo necessario dilungarci ulteriormente sull'argomento.

CAPITOLO VII.

GUIDE DEL MOVIMENTO RETTILINEO

§ 24. Generalità

Le guide del movimento rettilineo possono considerarsi come un caso particolare delle guide del movimento circolare, ma sia per la loro straordinaria importanza pratica, sia per talune loro speciali proprietà geometriche questi meccanismi meritano una separata e più estesa trattazione.

In armonia colle definizioni del § 30 noi possiamo denominare:

Guide del 2º ordine i meccanismi nei quali il punto guidato descrive un flesso;

Guide del 3º ordine i meccanismi nei quali il punto guidato descrive una ondulazione;

Guide del 4º ordine i meccanismi nei quali il punto guidato descrive una pseudo-ondulazione (tre flessi coincidenti);

Guide del 5º ordine i meccanismi nei quali il punto guidato descrive una doppia ondulazione (quattro flessi coincidenti);

Ora noi abbiamo dimostrato che in generale in qualunque istante del movimento di Σ^* *esiste in prossimità del punto di ondulazione* A^*_{00} *una regione di punti mobili le cui traiettorie presentano due flessi distinti e consecutivi*, ed abbiamo veduto come questa regione possa facilmente (ed approssimativamente) determinarsi.

Parimente se il movimento di Σ^* è tale da ammettere un punto di pseudo-ondulazione, *esiste in prossimità di esso una regione di punti mobili le cui traiettorie presentano tre flessi distinti e consecutivi*, regione che si estende lungo il circolo dei flessi da una sola parte, e lungo il circolo delle ondulazioni da ambo le parti del punto di pseudo-ondulazione.

Abbiamo infine osservato come nei casi in cui per ragione di simmetria il movimento di Σ^* ammette un punto di doppia ondulazione, si possa con un facile artificio dimostrare che in un movimento poco diverso *esiste una regione di punti mobili le cui traiettorie presentano quattro flessi distinti e consecutivi.*

È dunque facile derivare dalle guide del 3.° 4.° 5° ordine, dianzi elencate dei meccanismi pochissimo diversi nei quali il punto guidato descrive due, tre, ovvero quattro flessi distinti e consecutivi, *i quali possono ad arbitrio essere più o meno ravvicinati*, ciò che è evidentemente condizione di migliore approssimazione della traiettoria effettiva del punto guidato alla forma rettilinea, *quando la traiettoria medesima debba avere una determinata lunghezza.*

I meccanismi così modificati costituiscono propriamente le *Guide del movimento rettilineo,* che distingueremo coi nomi di

Guide ad un flesso, ovvero *a due,* ovvero *a tre,* ovvero *a quattro flessi* rispettivamente, mentre potremmo denominare *meccanismi generatori* delle guide a due, a tre, ed a quattro flessi le corrispondenti guide del 3°, 4°, o 5° ordine rispettivamente.

La trattazione che segue (fatta astrazione dalle poco interessanti ed ovvie guide ad un flesso) consisterà dunque nello studio sistematico dei meccanismi elementari i quali godono la proprietà che un punto della biella Σ^* descrive una semplice ovvero una pseudo- ovvero una doppia ondulazione, indicando per ciascun caso con quale artificio si possa derivarne delle guide a due, a tre ed a quattro flessi rispettivamente.

Limitandoci a dare in questo stesso § alcuni brevi cenni intorno alle soluzioni generali dei problemi costruttivi sulle guide del movimento rettilineo, imprenderemo invece un sistematico esame dei numerosi tipi di guide del 3°, 4°, e 5° ordine che si possono ricavare dalle Serie di meccanismi pelle quali ha luogo degenerazione dei luoghi della curvatura stazionaria, e riesce quindi facilissimo determinare i punti di semplice, pseudo o doppia ondulazione, nonchè le adiacenti regioni delle traiettorie a due, tre, o quattro flessi consecutivi, entro le quali si possono scegliere i punti guidati.

Questi meccanismi verranno così a raggrupparsi non già dipendentemente dal grado della singolarità utilizzata (dall'essere cioè guide a due, a tre od a quattro flessi) ma piuttosto dalle Serie a cui appartengono, ciò che stabilisce fra esse una razionale classificazione fondata su una più intima parentela cinematica.

Soluzioni generali

Per la soluzione generale del problema costruttivo di individuare una guida di dato ordine del movimento rettilineo di un dato punto secondo una data direzione, ed in modo da soddisfare a determinate condizioni geometriche, valgono con alcune riserve e cautele, i criteri e metodi esposti nel Cap. VI per il problema generale della costruzione di guide del movimento circolare.

Guide del 3º ordine. [1]) (a due flessi)

Il problema di costruire una guida di 3º ordine pel movimento rettilineo di un punto può in generale risolversi soddisfacendo a cinque condizioni indipendenti; ma se per renderne la soluzione praticamente attuabile noi introduciamo fra queste una delle condizioni ausiliarie di degenerazione delle Λ e Λ^*, molte delle soluzioni (V. § 21.) che sono in generale valevoli quando il centro A sia a distanza finita, diventano intrinsecamente inammissibili.

E così p. e. ponendoci il problema nella forma trattata nel § 21: « *costruire una guida del 3º ordine di cui sono dati i perni fissi* » è facile convincersi: [2])

α) che del primo gruppo di soluzioni soltanto la 2ª e la 3ª sono valevoli;

β) che nessuna delle soluzioni del secondo gruppo è ammissibile;

γ) che è sempre valevole (e facilissima) la soluzione mediante un meccanismo in configurazione parallela.

Il problema di costruire una guida del 3º ordine pel movimento rettilineo di due punti può pure risolversi soddisfacendo a due condizioni indipendenti, ma non senza cautele.

Ed infatti se due punti (punti guidati) del circolo dei flessi descrivono due ondulazioni, tutti gli altri punti del circolo stesso godono la medesima proprietà (circolo delle ondulazioni); onde i meccanismi che risolvono il problema devono appartenere ad una delle Serie II pelle quali appunto il luogo Λ^* si scinde nell'asse (y) e nel circolo delle ondulazioni. Le condizioni imposte devono dunque essere compatibili colla possibilità di scegliere il meccanismo in una di queste Serie; tale non sarebbe p. e. la scelta arbitraria della posizione di un perno.

Guide del 4º ordine (a tre flessi).

Il problema di costruire una guida di 4º ordine del movimento rettilineo di un dato punto secondo una data direzione può in generale risolversi soddisfacendo a quattro condizioni indipendenti, sola condizione per l'esistenza del punto A^*_{000} di pseudo-ondulazione essendo infatti la equazione (23) del § 10.

---

[1]) È quasi superfluo osservare che qualsiasi meccanismo elementare dà in generale una guida del 3º ordine (e quindi una guida a due flessi).

Esiste infatti in generale un punto A^*_{00}, intersezione di Λ^* col circolo dei flessi, la cui traiettoria è in ondulazione, ed in prossimità del quale si può scegliere un punto guidato di cui la traiettoria presenta due flessi consecutivi.

La determinazione di A^*_{00} si fa come è noto, costruendo i valori di R ed S e tirando per Ω il raggio vettore individuato dall' angolo φ che soddisfa la $R \operatorname{tg} \varphi + S = 0$.

Ciò è esemplificato nella Fig. 72 rappresentante un quadrilatero articolato qualsiasi pel quale si ha $R = -140 \quad S = +304 \quad \varphi = 65_0\ 16'$.

I due rami della ondulazione essendo convessi verso Ω il punto guidato P* può venir scelto sul raggio vettore esternamente al circolo dei flessi.

[2]) Queste soluzioni sono in realtà molto importanti pella pratica, quando si osservi che molte delle così dette guide del movimento rettilineo altro non sono che guide a due flessi a schema geometrico invariabile; e qui si dimostra invece che simili meccanismi si possono facilmente costruire scegliendo ad arbitrio tutti e due i perni fissi.

Dato infatti il punto guidato A^*_{000} e la direzione della sua traiettoria, noi possiamo p. e. fissare ad arbitrio i due perni di una manovella $A_1\ A_1^*$ onde risultano determinati Ω, gli assi, il circolo dei flessi ed i luoghi $\Lambda\ \Lambda^*$: e la (23) ci dà quindi una equazione di 2° per determinare φ_2 che individua la manovella $A_2\ A_2^*$.

Posto in questa forma il problema è dunque di facile soluzione, e riesce molto interessante constatare che *si può sempre costruire una guida a tre flessi del movimento rettilineo di un dato punto scegliendo ad arbitrio i due perni di una manovella del meccanismo* [1]).

Ma se supponiamo invece che i due perni scelti ad arbitrio non appartengono ad una medesima manovella, la soluzione del problema diventa, come nel caso generale, di inestricabile difficoltà.

È tuttavia da osservare che il problema della costruzione di una guida a tre flessi ammette praticamente un numero di condizioni arbitrarie maggiore di quello della costruzione di una guida del 4° ordine, perchè mentre un unico punto Σ^* descrive la pseudo-ondulazione, esiste invece una intera regione di punti di Σ^* che descrivono traiettorie a tre flessi, e constateremo altresì che in talune serie e talune configurazioni di meccanismi la estensione di questa regione è tale da permettere, praticamente ed entro certi limiti, la imposizione di due ulteriori condizioni arbitrarie (Vedi § 26 Serie $\text{II}_{(xy)}$).

Il problema infine di costruire una guida di 4° ordine del movimento rettilineo di due punti è vizioso nel suo stesso enunciato. Ed infatti noi abbiamo veduto che quando il luogo Λ^* degenera nell'asse (y) e nel circolo delle ondulazioni, esiste in generale un solo punto di questo circolo di cui cinque posizioni successive infinitamente vicine siano in linea retta. Ma se vogliamo che due punti del circolo godano di questa proprietà, deve la proprietà medesima competere a tutti gli altri punti del circolo. I soli meccanismi elementari che realizzano un simile movimento sono quelli della Serie $\text{II}_{(000)}$ e cioè il Glifo a croce e la Manovella di spinta isoscele, per entrambi i quali tutti i punti di un circolo di Σ^* descrivono traiettorie rettilinee.

È dunque in se stesso vizioso l'enunciato del problema, nel quale non è più lecito parlare di ordine del contatto delle traiettorie dei punti guidati colle rispettive tangenti. Tale enunciato deve invece correggersi:

Il problema di guidare due punti in linea retta si può sempre risolvere mediante i meccanismi del Glifo a croce, e della Manovella di spinta isoscele ed. ammette col primo una doppia e col secondo una semplice infinità di soluzioni (enunciato notissimo).

---

[1]) Dopo quanto fu esposto è quasi superfluo osservare che *scelta di un perno mobile* significa scelta di una sua posizione intermedia entro i limiti di escursione approssimativamente assegnabili al perno stesso, alla quale posizione corrisponde una determinata posizione del punto guidato; e salvo ulteriormente discutere o verificare i limiti di escursione plausibili.

§ 25. Guide delle serie I. (Vedi le Fig. 73 a 82)

Dai meccanismi di queste Serie si possono derivare numerosi tipi di guide a due a tre ed a quattro flessi assumendo il punto guidato vicino al polo dei flessi, dove un punto di Σ^* descrive in generale una ondulazione semplice, ma per date configurazioni può anche descrivere una pseudo- od una doppia ondulazione. (V. § 12.).

Serie $I_{(GG)}$

A) Guide a due flessi. (Fig. 73 a 76).

Tutti i quadrilateri articolati di questa Serie danno luogo a guide a due flessi, in numero quattro volte infinito, onde se è dato il punto guidato e la direzione della sua traiettoria uno di questi meccanismi può costruirsi scegliendo ad arbitrio la posizione dei perni fissi.

Nelle Fig. 73 e 75 sono rappresentati due simili meccanismi, l' uno coi perni fissi nella regione positiva e l'altro coi perni fissi nella regione negativa, mentre nelle Fig. 74 e 76 sono rappresentati due analoghi meccanismi a manovelle simmetriche.

È ovvio che allorquando i due rami della ondulazione rivolgono verso Ω la loro concavità, come ha luogo p. e. nelle Fig. 73, 74, 76 il punto guidato P^* va scelto al disopra del polo dei flessi; e va invece scelto al disotto nel caso contrario, come p. e. nella Fig. 75.

B) Guide a tre flessi (Fig. 77).

Questi meccanismi devono soddisfare la equazione (29) § 12:

$$\cot\varphi_1 \; \cot\varphi_2 + 2.\, \frac{R^*}{R} + 1 = 0$$

la quale esprime che il punto mobile che cade nel polo dei flessi descrive una pseudo-ondulazione. Questi meccanismi costituiscono dunque una triplice infinità e si può sceglierne ad arbitrio uno dei perni rimanendo ancora una condizione disponibile.

La Fig. 77 è costruita assumendo:

$$R = 2\,R^* = \rho_0 \qquad \text{onde: } \cot\varphi_1 \; \cot\varphi_2 = -2,$$

ed in essa il ramo di destra della pseudo-ondulazione è concavo verso Ω, mentre è convesso il ramo di sinistra.

Se ora si tracciano le traiettorie a semplice flesso di alcuni punti di $G_0{}^*$ è facile constatare:

1.º che i flessi descritti da punti situati sulla metà di destra, come p. e. $P_1{}^*$ hanno i due rami disposti come quelli della pseudo-ondulazione;

2.° che i flessi descritti da punti situati sulla metà di sinistra, come P_2^*, hanno i due rami disposti in senso contrario di quello dei rami della pseudo-ondulazione.

Da questa osservazione è facile concludere che un punto come P^* situato sul circolo dei flessi presso il polo ed a sinistra del medesimo deve descrivere una traiettoria costituita da tre flessi distinti e consecutivi i quali sono tanto più ravvicinati quanto meno P^* dista dal polo medesimo.

C) Guide a quattro flessi (Fig. 78 e 79).

La genesi di queste guide si ha dai meccanismi simmetrici che realizzano la doppia ondulazione del polo dei flessi e cioè soddisfano la (30) § 12:

$$\cot\varphi_1 = -\cot\varphi_2 = \sqrt{2\frac{R^*}{R}+1}$$

onde questi meccanismi costituiscono una duplice infinità.

Allorquando le manovelle sono situate nella regione positiva e cioè per configurazioni come quella della Fig. 78, (e per dimensioni plausibili) l'angolo φ_1 è compreso fra i 30° e 40°. Si ha infatti p. e.

ponendo: $R = \frac{1}{2}\rho_0$ $\quad R^* = \frac{1}{3}\rho_0$ $\quad \varphi_1 = 33.°\ 15'$

$R = \rho_0$ $\quad R^* = \frac{1}{2}\rho_0$ $\quad \varphi_1 = 35.°\ 15'$

» $R = \frac{3}{2}\rho_0$ $\quad R^* = \frac{3}{5}\rho_0$ $\quad \varphi_1 = 36.°\ 40'$

onde il meccanismo stesso ha una fisonomia ben determinata. La Fig. 78 è costruita appunto adottando il secondo dei tre sistemi di valori suesposti.

Prendiamo ora a considerare la doppia ondulazione del polo dei flessi nella Fig. 78, la quale non sembra graficamente diversa da una ondulazione simmetrica coi rami convessi verso Ω. Il punto guidato P^* si dovrebbe quindi scegliere al disotto del polo come è indicato nella Fig. medesima, ma noi non possiamo affermare che la traiettoria di un simile punto presenti più di due flessi distinti, onde la sola scelta di P^* non basta a dimostrare la possibilità di scindere i quattro flessi della doppia ondulazione (V. § 12).

Ciò è invece possibile ricorrendo all'artificio [1]) di deformare il meccanismo, al che fornisce opportuno criterio il confronto della Fig. 78 colla Fig. 74 nella quale i rami della ondulazione si presentano concavi verso Ω.

Si modifichi infatti il meccanismo della Fig. 78 restringendo l'angolo delle manovelle come è indicato nella Fig. 79. La traiettoria del polo dei

---

[1]) Di questo metodo per scindere in quattro flessi la doppia ondulazione abbiamo trattato in modo scientificamente più rigoroso nel § 12.

flessi diventa in tal caso una ondulazione concava verso Ω fiancheggiata da due flessi i quali sono tanto più vicini alla ondulazione medesima quanto minore è la modificazione di φ_1 e φ_2.

La Fig. 79 ci fornisce dunque una chiara idea della genesi e del significato geometrico della doppia ondulazione. Due dei quattro flessi sono in essa già separati, ed i due rimanenti confusi nella ondulazione, si possono scindere col solito artificio di scegliere come punto guidato un punto P^* situato al di sopra del polo dei flessi (Fig. 79). Questo punto descrive dunque una traiettoria costituita da quattro flessi distinti e consecutivi.

Tale sarebbe la costruzione razionale del meccanismo noto sotto il nome di *Guida* o *Triangolo di Robert* [1]).

Queste guide possono anche venir foggiate nelle due rimanenti configurazioni di questa serie e cioè a manovelle divergenti e a manovelle incrociate.

Nel primo caso il valore di φ_1 dato dalla (30) è compreso fra 20° e 30°; nel secondo caso questo valore non è reale che quando sia: $R^* < \frac{2}{3} \rho_0$ e quindi corrispondentemente: $(-R) > 3\rho_0$.

Serie $I_{(Gy)}$.

A). *Guide a due flessi* (Fig. 80).

Tutti i meccanismi di questa serie danno luogo a guide a due flessi in numero quattro volte infinito, le quali possono avere le diverse configurazioni della Fig. 32 e comprendono anche una duplice infinità di glifimanovelle.

Dato il punto guidato uno di questi meccanismi può quindi costruirsi scegliendo ad arbitrio il perno fisso A_1 nel piano e pure ad arbitrio la posizione del perno A_3 e del centro Ω sull'asse (*y*) (normale alla traiettoria di P^*).

La Fig. 80 dà un esempio di un meccanismo di questa Serie.

B) *Guide a tre flessi* (Fig. 81 e 82).

Questi meccanismi devono soddisfare la condizione (31) § 12:

$$\frac{1}{r_3} = \frac{3}{R} + \frac{1}{R^*}$$

per cui si realizza pseudo-ondulazione nel polo dei flessi. Essi costituiscono quindi una triplice infinità, rimanendo vincolata soltanto la posizione del perno A_3 quando si siano scelte ad arbitrio le R ed R*.

Le Fig. 81 e 82 che illustrano due esempi di simili meccanismi sono costruite assumendo come dati:

[1]) Intorno ai meccanismi guide del movimento rettilineo proposti od impiegati nella pratica si può consultare il Weisbach (Lehrbuch der Ing. u. Masch. Mechanik 1876).

Fig. 81 : $R^* = + 4\rho_0 \quad R = -\frac{4}{3}\rho_0$ onde $r_3 = -\frac{1}{2}\rho_0$

Fig. 82 : $R^* = + \frac{3}{4}\rho_0 \quad R = + 3\rho_0$ onde $r_3 = + \frac{3}{7}\rho_0$

Rispetto all' artificio atto a scindere i tre flessi della pseudo-ondulazione, valgano identicamente i criteri esposti pella Serie $I_{(GG)}$. E così nella Fig. 81 un punto P^* situato sul circolo dei flessi a destra del polo descrive tre flessi distinti e consecutivi. (Praticamente converrebbe scegliere P^* molto più vicino al polo che non sia segnato nella Fig. 81).

Osserviamo infine che i meccanismi di questa serie non danno luogo a guide a quattro flessi.

Serie $I_{(\gamma\gamma)}$.

Da tutti i meccanismi in configurazione di punto morto si possono derivare delle guide a due flessi, in numero tre volte infinito. Non si può però in alcun caso ottenerne delle guide a più di due flessi, poichè in questo caso le coppie dei perni sono le sole coppie principali situate sull' asse (y), e quindi nessun punto principale può venire a coincidere col polo dei flessi.

§ 26. Guide delle serie II. (Vedi le Fig. 83 a 93).

Ricordiamo che per queste sei Serie di meccanismi il movimento di Σ^* è caratterizzato del fatto che tutti i punti di un circolo descrivono delle ondulazioni (Vedi § 14 e le Fig. 34-39) onde esiste lungo la sua periferia una regione di punti mobili i quali descrivono due flessi distinti e consecutivi.

Se inoltre sul circolo delle ondulazioni esiste un punto principale o punto di pseudo-ondulazione (caso dei movimenti dissimmetrici) si potrà in vicinanza di esso determinare due regioni di punti mobili, l'una interna e l'altra esterna al circolo delle ondulazioni, i quali descrivono traiettorie che presentano tre flessi distinti e consecutivi.

Ricordiamo infine che a queste Serie appartengono i meccanismi che realizzano il movimento ciclico, in cui tutti i punti di un circolo descrivono traiettorie rettilinee (di amplitudine finita) e devono considerarsi come punti principali.

Questi enunciati aprono dunque un vastissimo campo all'impiego di questi meccanismi, come guide del movimento rettilineo, e di essi diremo successivamente seguendo l'ordine di trattazione del § 14.

Serie $II_{(000)}$ (*Meccanismi ciclici*) (Fig. 83 ed 84).

I due meccanismi elementari del Glifo a croce (Fig. 83) e della Manovella di spinta isoscele (Fig. 84) i quali realizzano il movimento ciclico definito dal rotolamento d'un circolo mobile entro un circolo fisso di raggio doppio forniscono notissimi tipi di guide *esatte* del movimento rettilineo sulle quali non è necessario diffonderci ulteriormente.

È noto altresì che da questi meccanismi si traeva la genesi della guida del movimento rettilineo nota sotto il nome di *Guida di Evans*, sostituendo in via approssimata la guida della testacroce che comanda il movimento di un perno con una manovella perpendicolare alla guida medesima.

È inutile insistere sulla imperfezione grossolana di simili procedimenti.

Serie $\Pi_{(x0y)}$ e $\Pi_{(yy)}$ (*Meccanismi paraciclici*).

I meccanismi che realizzano il movimento paraciclico, nel quale nessun punto principale è situato sul circolo delle ondulazioni, forniscono la generalizzazione e la costruzione razionale di un notissimo tipo di guida del movimento rettilineo (*Guida ellittica*).

Tralasciando di occuparci dei meccanismi a punto morto che costituiscono la Serie $\Pi_{(yy)}$ fermiamo la nostra attenzione sulle manovelle di spinta in configurazione ortogonale (vedi la Fig. 35 e le Fig. 85, 86, 87) che costituiscono la Serie $\Pi_{(x0y)}$.

In questi meccanismi i rami delle ondulazioni descritte dai punti di G^*_{00} possono essere sia convessi sia concavi [1]) verso Ω, onde la regione delle traiettorie a due flessi nella quale può scegliersi il punto guidato si estende nel primo caso esternamente e nel secondo internamente alla periferia del circolo G^*_{00}.

Dato il punto guidato e la direzione della sua traiettoria si può scegliere ad arbitrio la testacroce ed uno dei perni della manovella, ciò che implica l'esistenza di una quadrupla infinità di soluzioni del problema di guidare un punto con uno di questi meccanismi.

Nel caso particolare in cui il punto guidato sia scelto sull'asse (y) presso il polo dei flessi (come è anche rappresentato nelle Fig. 85-86-87) si ottengono i noti meccanismi denominati *Guide ellittiche* del movimento rettilineo [2]) (*Ellipsen-lenker* dei tedeschi) le quali altro dunque non sono nè possono essere che guide a due flessi. Fra esse deve evidentemente elencarsi un glifo-testacroce in configurazione ortogonale (V. Fig. 35).

---

[1]) Come osservammo nel § 14 i rami delle ondulazioni sono convessi o concavi secondo che il segno del prodotto $r_3 r_4$ è negativo o positivo (V. equaz. (38)) ovvero secondo che il segno di $r_3 - \rho_0$ è negativo o positivo come si ricava dalle (33) e (38) del § 14. — Nelle tre Fig. 85-86-87 il segno di $r_3 - \rho_0$ è evidentemente negativo e quindi le ondulazioni sono convesse verso Ω e le regioni delle traiettorie a due flessi esterne a G^*_{00}.

[2]) Se una retta si muove in modo che due suoi punti percorrano due rette ortogonali tutti i punti della retta descrivono ellissi. Scelti come perni uno dei punti a movimento rettilineo (testacroce) ed un punto a movimento ellittico si foggia il meccanismo sostituendo in via approssimata alla traiettoria ellittica la traiettoria circolare comandata da una manovella. Da ciò il nome, abbastanza improprio, di *guide ellittiche*.

Serie $II_{(x0)}$ e $II_{(y0)}$ (Fig. 88 e 89).

Nelle manovelle di spinta che costituiscono queste due Serie (V. anche Fig. 37 e 39) le quali raccogliamo in una unica trattazione, il perno della testacroce A^*_{000} è punto mobile principale sul circolo delle ondulazioni, e lo divide in due tratti per uno dei quali i rami delle ondulazioni sono concavi, e per l'altro convessi verso il centro istantaneo.

Le zone di punti mobili le cui traiettorie presentano due flessi si estendono dunque lungo il circolo G^*_{00} internamente all'arco delle ondulazioni concave ed esternamente all' arco delle ondulazioni convesse (§ 14).

Esistono altresì regioni di traiettorie a tre flessi, ma queste regioni sono in generale di estensione limitata, onde i meccanismi in parola meglio si prestano a foggiare delle buone guide a due flessi, il punto guidato potendosi scegliere ad arbitrio lungo il circolo delle ondulazioni.

Dato il punto guidato P^* e la direzione del suo movimento rettilineo il problema di costruire una guida a due flessi della Serie $II_{(x0)}$ ammette una quadrupla infinità di soluzioni, potendosi (Fig. 88) scegliere ad arbitrio il perno A_1^* sulla normale alla traiettoria del punto guidato, la testacroce A^*_{000} nel piano e il perno A_1 sulla tangente al circolo determinato da A_1^* A^*_{000} P^* (ritenendosi in questa determinazione che P^* coincida approssimativamente con un punto P_0^* del circolo delle ondulazioni e salva ulteriore correzione).

Il problema di costruire una guida a due flessi della Serie $II_{(y0)}$ (Fig. 89) ammette parimente una quadrupla infinità di soluzioni, fra le quali devono menzionarsi quelle in numero tre volte infinito fornite dal meccanismo del glifo-testacroce nella configurazione della Fig. 39.

Si osservi infine nella Fig. 89 la traiettoria del punto mobile che cade sul centro istantaneo Ω; questa traiettoria è una falcata (§ 14), onde come già osservammo, da questo meccanismo può derivarsi una guida a regresso del movimento circolare (§ 22).

Serie $II_{(xy)}$ (Fig. 90 a 93).

I meccanismi in configurazione ortogonale compresi in queste Serie (V. Fig. 38) sono specialmente interessanti pella risoluzione del problema di cui ci occupiamo, potendosene derivare elegantissimi tipi di guide a tre flessi che rappresentano la costruzione razionale e la generalizzazione del meccanismo noto col nome di *Guida di Evans*.

Ed infatti pelle bielle di questi meccanismi il punto principale A^*_{000} del circolo delle ondulazioni individuato dall' angolo φ_2 dato dalla (42) § 14:

$$\cot \varphi_2 = \frac{r_1}{r_3} \cdot \frac{r_3 - \rho_0}{r_3}$$

descrive una pseudo-ondulazione, onde in vicinanza di esso esistono sicuramente delle regioni di punti mobili le cui traiettorie presentano tre flessi distinti e consecutivi.

Ora è facile dimostrare che simili regioni possono avere per questi meccanismi una considerevole estensione, e possono anche estendersi lungo tutta o quasi tutta la periferia del circolo delle ondulazioni.

Si consideri infatti il quadrilatero articolato in configurazione ortogonale diretta della Fig. 90, pel quale $r_3 = \rho_0$ (la manovella $A_3\ A_3^*$ è eguale alla biella) mentre la lunghezza r_1 dell'altra manovella è quale si voglia.

Per questo meccanismo la (42) ci dà $\varphi_2 = 90^o$ e cioè il punto di pseudo-ondulazione A^*_{000} coincide col polo dei flessi e col perno A_3. I punti del circolo G^*_{00} che indicheremo con P_0^*, descrivono dunque ondulazioni di cui i rami si presentano convessi verso Ω pei punti P_0^* della metà di destra del circolo medesimo, e concavi invece pei punti P_0^* della metà di sinistra; ciò che può a priori dimostrarsi osservando che dalla (37) § 14, si ha:

$$\frac{d^3\psi}{d\sigma^3} = \frac{3}{\rho_0^2} \cdot \frac{\cot\varphi}{r_1}$$

la quale espressione è positiva per $\varphi < 90^o$ e negativa per $\varphi > 90.^o$

La convessità o concavità dei rami delle ondulazioni è graficamente constatata nella Fig. 90.

Diremo quadrante positivo il quadrante che contiene la metà del circolo delle ondulazioni pei cui punti $\frac{d^3\psi}{d\sigma^3}$ è positivo, e quadrante negativo quello che contiene l'altra metà.

Ora è evidente che, essendo pelle dimensioni assegnate: $A_3^*\ P_0^* = A_3^*\ A_3$, la traiettoria di P_0^* deve passare pel perno fisso A_3, purchè la lunghezza r_1 dell'altra manovella permetta una conveniente amplitudine di movimento, ed in tale ipotesi la traiettoria di P_0^* presenta necessariamente un flesso di seguito alla ondulazione, come è rappresentato nella Fig. 90. Se dunque consideriamo la traiettoria di un punto P^* vicino ed esterno al circolo delle ondulazioni sul quadrante positivo, essa presenterà tre flessi distinti e consecutivi, e lo stesso può dirsi della traiettoria di un punto P^* vicino ed interno al circolo delle ondulazioni nel quadrante negativo.

È così dimostrato che per questo meccanismo le regioni delle traiettorie a tre flessi si estendono lungo tutta la periferia del circolo delle ondulazioni, e possono convenientemente utilizzarsi pello spazio di oltre un quadrante da una parte e dall'altra di A^*_{000} per scegliervi i punti guidati di guide a tre flessi, come é rappresentato nella Fig. 90.

Queste medesime proprietà si mantengono sensibilmente per configurazioni che non differiscano troppo da quella della Fig. 90, come è esemplificato nella Fig. 91 per un quadrilatero articolato in configurazione ortogonale pel quale si ha:

$$r_1 = r_3 = \frac{2}{3} \cdot \rho_0 \quad \text{onde: } \cot\varphi_2 = -0{,}5 \quad \varphi_2 = 116{,}040'.$$

Il punto di pseudo-ondulazione A^*_{000} è dunque notevolmente spostato verso sinistra onde il settore positivo (116°,40') che contiene l'arco delle ondulazioni convesse nonchè la regione esterna a G^*_{00} delle traiettorie a tre flessi è alquanto maggiore e quasi doppio del settore negativo (63°, 20') che contiene l'arco delle ondulazioni concave e la regione interna a G^*_{00} delle traiettorie a tre flessi.

Queste regioni hanno però sempre una considerevolissima estensione come è graficamente constato nella Fig. 91 (Si osservi specialmente la traiettoria a tre flessi del punto P^* situato nel settore positivo).

Dato il punto guidato P^* e la direzione della sua traiettoria rettilinea, il problema di costruire uno di questi meccanismi ammette una quadrupla infinità di soluzioni, onde si possono scegliere ad arbitrio i perni fissi A_1 A_3. Supposto infatti che, per una prima approssimazione, P^* si consideri come coincidente con P_0^* è ovvio che il circolo di diametro A_1 A_3 incontra la normale alla traiettoria di P_0^* in due punti (Fig. 92) ciascuno dei quali può essere assunto come centro Ω; le ΩA_1 , ΩA_3 danno quindi gli assi ed è indifferente scegliere l'una o l'altra come asse (y), sul quale deve essere situato il centro del circolo delle ondulazioni passante per Ω e P_0^*; il problema ammette dunque quattro soluzioni distinte (in generale) e facilissime.

Se fra queste quattro soluzioni ve ne sia una che non differisca molto delle configurazioni Fig. 90 e 91, si determini per essa la posizione di A^*_{000}, e se questa non cade troppo lontana da P_0^*, è ovvio per ciò che si è detto precedentemente che si potrà scegliere in vicinanza di P_0^* un punto guidato effettivo P^*, la cui traiettoria presenta tre flessi distinti e consecutivi.

Con queste limitazioni adunque, i meccanismi della Serie $II_{(xy)}$ permettono di *costruire una guida a tre flessi del movimento rettilineo di un punto scegliendo ad arbitrio le posizioni dei due perni fissi*, il che non è fra i meno interessanti risultati di questa ricerca.

Possiamo considerare questo procedimento come la costruzione razionale del meccanismo noto sotto il nome di *Guida di Evans*.

Nella Fig. 93 è rappresentata un'altra configurazione di questo meccanismo.

§ 27. Guide delle serie II.(*) (Vedi le Fig. 94 a 97).

Questi meccanismi, correlativi di quelli trattati nel § antecedente non forniscono una messe così abbondante di tipi di guide del movimento rettilineo, perchè il solo punto del circolo dei flessi che appartiene al luogo mobile Λ^* (degenerato negli assi e nella retta all'∞) è il punto mobile che cade sul polo dei flessi e descrive in generale una ondulazione.

Scegliendo il punto guidato in prossimità del polo medesimo, da qualunque meccanismo di queste Serie si deriva una guida a due flessi che può diventare una guida a tre (eventualmente a quattro) flessi quando essa sia suscettibile di una configurazione tale che uno dei punti mobili principali situati su (y) venga a cadere nel polo dei flessi.

Serie $\mathrm{II}^{(*)}_{(000)}$ (*Meccanismi ciclici*).

Il giunto di Oldham e il glifo-manovella isoscele non possono dare che guide a due flessi, poichè i due punti mobili principali situati su (y) hanno per essi una posizione determinata, e sono cioè il polo delle cuspidi e il punto all' ∞ dell' asse medesimo (§ 14).

Serie $\mathrm{II}^{(*)}_{(x0y)}$ e $\mathrm{II}^{(*)}_{(yy)}$ (*Meccanismi paraciclici*)

Fra i meccanismi che realizzano il movimento *paraciclico in cuspidazione* [1]) sono specialmente interessanti i glifi-manovelle in configurazione ortogonale che costituiscono la Serie $\mathrm{II}^{(*)}_{(x0y)}$ e dai quali può derivarsi l'interessante tipo di guida del movimento imperfettamente già noto col nome di *guida a concoide* [2]) (*conchoiden-lenker* dei tedeschi).

Qualunque meccanismo di questa Serie foggiato secondo una delle configurazioni della Fig. 41 dà evidentemente luogo a una guida a due flessi (scegliendo il punto guidato in prossimità del polo dei flessi) ma noi fermeremo specialmente l'attenzione sulla terza delle tre accennate configurazioni da cui si può derivare il notevole tipo di guida a quattro flessi rappresentato nella Fig. 94.

Se infatti, in conformità alla (39)* § 14 si scelga:

$$r_3^* = -\frac{1}{2}\rho_0 \quad \text{onde } r_3 = -\frac{1}{3}\rho_0$$

il punto mobile che cade nel polo dei flessi descrive una doppia ondulazione, di cui è facile constatare che i rami sono convessi verso Ω, e di cui possiamo produrre la scissione in quattro flessi con un artifizio analogo a quello seguito nel § 25 pella guida della Serie $\mathrm{I}_{(GG)}$ rappresentata nelle Fig. 78 e 79.

Ed infatti (Fig. 94) se noi modifichiamo leggermente le dimensioni del meccanismo aumentando r_3^* (e corrispondentemente r_3) la doppia ondulazione degenera nel complesso di singolarità costituito da una ondulazione semplice concava verso Ω fiancheggiata da due flessi.

Un punto P^* situato vicino ed al disopra del polo dei flessi deve dunque necessariamente descrivere una traiettoria costituita da quattro flessi distinti e consecutivi. Tale è la costruzione razionale della miglior guida a concoide.

[1]) Il movimento realizzato dai meccanismi correlativi potrebbe invece denominarsi *movimento paraciclico in ondulazione*.

[2]) Se una retta mobile è obbligata a passare per un punto fisso mentre un suo punto percorre una retta fissa, tutti gli altri suoi punti descrivono delle concoidi. Assunto uno di questi come perno mobile e sostituendo in via approssimata all'arco di concoide una traiettoria circolare comandata da una manovella si ottiene il meccanismo qui descritto donde il nome di *guida a concoide*.

I meccanismi in configurazione di punto morto della Serie $II^{(*)}_{(yy)}$ non presentano che un mediocre interesse.

Serie $II^{(*)}_{(y0)}$ (Fig. 95).

Diamo la precedenza ai glifi-manovelle di questa Serie dai quali si possono derivare guide a tre flessi quando sia soddisfatta la condizione stessa enunciata pella Serie precedente e cioè la $r_3{}^* = -\frac{1}{2}\rho_0$, la quale esprime che il perno mobile della manovella cade nel centro del circolo delle cuspidi. In tale ipotesi infatti il punto mobile che cade nel polo dei flessi descrive una pseudo-ondulazione onde in vicinanza di esso esiste una regione di traiettorie a tre flessi (Fig. 95).

È d'altronde evidente dalle Fig. 94 e 95 che le guide della Serie $II^{(*)}_{(xy)}$ sono in un certo senso un caso particolare delle guide della Serie $II^{(*)}_{(y0)}$ il quale si verifica nella ipotesi di simmetria del meccanismo.

La guida a tre flessi di questa Serie raffigurata nella Fig. 95 rappresenta dunque, in un certo senso, la generalizzazione della così detta guida a concoide.

Serie $II^{(*)}_{(xy)}$ (Fig. 96).

I quadrilateri articolati in configurazione ortogonale inversa che costituiscono questa Serie possono foggiarsi a guide a tre flessi quando sia soddisfatta la solita condizione $r_3{}^* = -\frac{1}{2}\rho_0$ nella quale ipotesi il punto mobile che cade nel polo dei flessi descrive una pseudo-ondulazione (vedi Fig. 96). La lunghezza della manovella $A_1\ A_1{}^*$ è invece arbitraria.

Serie $II^{(*)}_{(x0)}$ (Fig. 97).

I glifi-manovelle che costituiscono questa Serie possono foggiarsi in guide a tre flessi quando sia soddisfatta la (41)* § 14: $r_1{}^* = \frac{1}{2}\rho_0 \cot\varphi_2$ nella quale ipotesi uno dei punti mobili principali cade nel polo dei flessi e la sua traiettoria presenta quivi la singolarità della pseudo-ondulazione.

La (41)* ha un significato assai semplice ed esprime (Fig. 97) che la manovella $A_1\ A_1{}^*$ deve essere (in grandezza e segno) eguale al segmento che la $A_1\ A_{000}$ taglia sulla parallela ad (x) passante pel centro del circolo dei flessi.

§ 28. Guide [1]) delle Serie $III^{(\cdot)}$. (Vedi le Fig. 98 a 101).

Dai meccanismi di queste Serie si possono trarre nuovi tipi di svariate ed elegantissime guide del movimento rettilineo a due ed a tre flessi, Ed infatti la degenerazione di Λ^* nell'asse (x) ed un circolo K^* permette una facilissima determinazione del punto di ondulazione A^*_{00} come intersezione di due circoli, mentre le condizioni per cui questa ondulazione diventa una pseudo-ondulazione sono pure di carattere affatto elementare (V. § 15).

Serie $III^{(\cdot)}_{(KK)}$ (*Configurazioni circolari su* K^*)

A) Guide a due flessi (Fig. 98)

Fissata la legge di curvatura ed il circolo K^* qualunque meccanismo di cui i perni mobili sono su K^* comanda il movimento di A^*_{00} secondo una traiettoria in ondulazione. In prossimità di questo punto esiste dunque una regione di traiettorie a due flessi nella quale si può scegliere il punto guidato, con le solite norme.

B) Guide a tre flessi (Fig. 99).

Allorquando i perni A_2^* e A_4^* siano scelti su K^* in modo da soddisfare la $(47)^*$ § 15 :

$$\operatorname{tg} \varphi_2 + \operatorname{tg} \varphi_4 = -2 \frac{s}{\rho_0}$$

equazione di facile interpretazione geometrica, il punto A^*_{000} descrive una traiettoria che presenta la singolarità della pseudo-ondulazione, ed in vicinanza di esso può scegliersi il punto guidato di una guida a tre flessi. Il meccanismo rappresentato nella Fig. 99 è p. e. costruito ponendo:

$$s = \rho_0 \quad . \quad \operatorname{tg} \varphi_2 = -\frac{3}{2} \qquad \operatorname{tg} \varphi_4 = -\frac{1}{2}$$

ed in esso la traiettoria di P^* presenta tre flessi distinti e consecutivi.

Notiamo infine che dato il punto guidato e la direzione della sua traiettoria rettilinea il problema di costruire una guida delle Serie $III^{(\cdot)}_{(KK)}$ ammette una quadrupla ovvero una tripla infinità di soluzioni secondo che la guida debba essere a due ovvero a tre flessi.

Nel primo caso si può dunque scegliere ad arbitrio la posizione di due perni, e la risoluzione del problema è di ovvia semplicità quando p. e. i due perni scelti siano i due perni mobili; nel secondo caso si può scegliere ad arbitrio la posizione di un perno, e assoggettare la scelta del secondo perno ad una ulteriore condizione.

[1]) I meccanismi delle Serie III (pei quali Λ^* è osculata in Ω dal circolo dei flessi), non possono fornire che guide ad un sol flesso e non meritano ulteriore menzione.

Serie $III^{(\cdot)}_{(K.r)}$.

A) Guide a due flessi (Fig. 100).

Qualunque quadrilatero articolato di cui una delle manovelle sia abbattuta sulla linea dei perni fissi dà una guida a due flessi di questa Serie alla quale appartengono pure meccanismi della famiglia del Glifo-manovella (V. Fig. 49).

Dato un simile meccanismo è infatti facilissimo costruire il circolo dei flessi e il circolo K* la cui intersezione dà il punto di ondulazione A^*_{00} (Fig. 100).

B) Guide a tre flessi (Fig. 101).

Il punto di intersezione di K* col circolo dei flessi descrive una pseudo-ondulazione quando sia soddisfatta la (49)* § 15:

$$\frac{\cos \varphi_8}{r_1^*} - \frac{2 \sin \varphi_8}{\rho_0} = \frac{1}{r_8^*} = \frac{1}{S \cos \varphi_8}$$

Se p. e. assumiamo: $\varphi_8 = 120^0 \qquad r_1^* = \frac{1}{2} \rho_0$

la (49)* ci dà: $S = 0{,}732 \, \rho_0$

coi quali dati è costruito il meccanismo rappresentato nella Fig. 101.

Dato il punto guidato e la direzione della sua traiettoria, il problema di costruire una guida di queste Serie ammette pure una quadrupla ovvero una tripla infinità di soluzioni, secondo che la guida stessa debba essere a due ovvero a tre flessi.

§ 29. Guide delle serie IV.[(·)] (V. le Fig. 102 a 107).

I soli meccanismi in configurazione parallela dai quali si possono derivare delle guide a due ed a tre flessi sono quelli della Serie $IV^{(\cdot)}$ pei quali l'asse (x) forma parte del luogo mobile λ^* della curvatura stazionaria (§ 19).

Ogni punto mobile situato su (x) descrive in tal caso una ondulazione, mentre un unico punto A^*_{000} sempre reale ed a distanza finita (intersezione di (x) colla normale alla $A_1 A_2$ in O_{12}) descrive una pseudo-ondulazione.

Questa proprietà rende simili meccanismi specialmente adatti per foggiare dalle guide a tre flessi, impiego di cui esclusivamente ci occuperemo nella trattazione che segue.

Sia dunque rappresentato nella Fig. 102 un meccanismo dalla Serie $IV^{(\cdot)}(\lambda)$ (quadrilatero articolato colla biella perpendicolare alle manovelle) e prendiamo ad investigare le traiettorie di punti X_i^* dell'asse (x) situati vicini al punto di pseudo-ondulazione A^*_{000}.

Poichè l'andamento della traiettoria di X_i^* non deve differire di molto dalla forma della pseudo-ondulazione, e poichè essa presenta una ondulazione in X_i^*, così dovrà questa traiettoria presentare un flesso consecutivo alla ondulazione.

Notando inoltre che i rami delle ondulazioni di punti X_i^* situati da parti opposte di A^*_{000} hanno curvature di segno opposto, così è evidente che il flesso *compagno* della ondulazione si presenta per le traiettorie di questi punti da parti opposte dell'asse (x).

Ciò può verificarsi graficamente, ed è chiaramente rappresentato nella Fig. 102, nella quale i punti a destra di A^*_{000} come X_1^* X_3^* descrivono ondulazioni convesse verso destra seguite da un flesso nel ramo inferiore (osservisi la traiettoria di X_3^*) mentre i punti situati a sinistra come X_2^* X_4^* descrivono ondulazioni convesse verso sinistra seguite da un flesso nel ramo superiore (vedasi anche la Fig. 103 che rappresenta un quadrilatero colle manovelle dirette nello stesso senso).

La proprietà di presentare il flesso compagno della ondulazione cessa per punti X_i^* situati a una certa distanza da A^*_{000}, distanza che si può in ciascun caso determinare graficamente per tentativi. E così p. e. nel meccanismo della Fig. 102 tale proprietà non compete sicuramente alla traiettoria di X_5^*.

È ora facile constatare come lungo il tratto di (x) pei cui punti X_i^* si verifica l'accennata proprietà, esistano due regioni di punti mobili le cui traiettorie presentano tre flessi consecutivi.

Sia infatti rappresentato nella Fig. 102bis in iscala più grande il meccanismo stesso della Fig. 102, e prendiamo a considerare la traiettoria di un punto P_3^* situato immediatamente al di sopra di X_3^*. Questa traiettoria differirà pochissimo da quella di X_3^* ma in luogo della ondulazione presenterà due flessi distinti; ed infatti mentre la ondulazione di X_3^* è convessa verso destra, la traiettoria di P_3^* deve presentare in P_3^* un tratto convesso verso sinistra come tutte le traiettorie dei punti mobili situati al disopra di (x).

La traiettoria di P_3^* deve dunque presentare in luogo della ondulazione due flessi distinti, e poichè inoltre la traiettoria di X_3^* presenta un terzo flesso nel ramo inferiore, dovrà la stessa proprietà competere alla traiettoria di P_3^*, la quale deve per conseguenza essere costituita da tre flessi distinti.

Esiste dunque a destra di A^*_{000} e superiormente a (x) una regione di traiettorie a tre flessi, e parimenti possiamo dimostrare che una simile regione esiste inferiormente a (x) ed a sinistra di A^*_{000}.

La Fig. 102bis illustra chiaramente queste regioni di traiettorie a tre flessi, e mostra con quali criteri si possa dal meccanismo quivi rappresentato derivare delle guide a tre flessi che soddisfino a certi requisiti geometrici.

Se cioè si vuole avere una guida molto esatta per una traiettoria breve, si sceglierà il punto guidato molto vicino ad A^*_{000} come p. e. P_1^* o P_2^*; nel qual caso i tre flessi si presentano molto ravvicinati e possono nel loro insieme assimilarsi senza sensibile errore a una traiettoria rettilinea. Se invece si vuole avere un meccanismo che comandi il punto guidato per una traiettoria più lunga, si sceglierà il punto medesimo più lontano da A^*_{000} come p. e. P_3^* o P_4^*, ma in tal caso l' approssimazione della sua traiettoria effettiva alla forma rettilinea risulta meno soddisfacente.

Questo metodo di derivare delle guide a tre flessi è evidentemente generale ed applicabile a qualunque quadrilatero della Serie $IV^{(\cdot)}_{(\lambda)}$.

Guida di Watt.

Un secondo artificio per scindere i tre flessi della pseudo-ondulazione consiste nel modificare la dimensioni del meccanismo, ed a titolo di esempio ne faremo l'applicazione a derivare il noto meccanismo della *Guida di Watt*, caso particolare delle guide a tre flessi di questa Serie.

Abbiasi infatti un quadrilatero della Serie $IV^{(\cdot)}_{(\lambda)}$ a manovelle eguali e di senso contrario (Fig. 104) e sia tracciata la pseudo-ondulazione di A^*_{000} (punto di mezzo della A_1^* A_2^*) i cui rami, è opportuno notarlo, rivolgono la loro curvatura in senso contrario alla curvatura generale delle traiettorie dei punti di Σ^* appartenenti alla regione in cui ciascuno dei rami stessi viene ad estendersi.

Se ora si modifichi il meccanismo allungando (Fig. 105) ovvero accorciando (Fig. 106) leggermente di eguale quantità le due manovelle, dovrà la nuova traiettoria di A^*_{000} presentare in A^*_{000} un semplice flesso i cui rami sono rivolti in senso contrario di quelli della pseudo-ondulazione. Ma poichè l' andamento generale della nuova traiettoria non può differire di molto da quello della primitiva, così deve necessariamente la traiettoria stessa presentare altri due flessi superiormente e inferiormente ad A^*_{000} e ad eguale distanza da esso.

Osserviamo inoltre che se le manovelle si accorciano (Fig. 106) gl' intervalli che separano i tre flessi risultano sempre piccolissimi, e poichè per un accorciamento un po' marcato i due flessi estremi scompaiono, così questo artificio non dà, almeno in generale, una conveniente soluzione del problema.

Una buona configurazione si ottiene invece sempre allungando le manovelle (Fig. 105) e questa è la nota configurazione della guida di Watt, intorno alla quale aggiungeremo alcune osservazioni.

È senz' altro evidente che la scissione dei flessi è tanto più accentuata quanto maggiore è l'allungamento delle manovelle, ed ovvia è l'utilità di un criterio sicuro per scegliere in ciascun caso la scissione di flessi più conveniente in dipendenza dei limiti di escursione assegnati al punto guidato.

Tale criterio può desumersi dal seguente enunciato (Fig. 105):

Detta m la lunghezza primitiva delle manovelle e 4 n la loro distanza normale, se si fissa pelle manovelle della guida la lunghezza $\sqrt{m^2 + n^2}$, *i due flessi estremi si trovano molto prossimamente alle distanze* $\pm n$ *dal flesso intermedio.*

CPSIA information can be obtained
at www.ICGtesting.com
Printed in the USA
BVHW04*1321090818
524035BV00006B/43/P

9 780260 738196